U0021397

老屋

新 生

創 業 學

FIND OUT A
OLD HOUSE
START A BUSINESS

創業前中後必知實用資訊總整理 X 解析老屋商用裝修疑難雜症

CONTENTS
目錄

Chapter 1 | RESTORATION
創業成功之道

Chapter 2 | PREPARE
企劃的廣度決定一切

Chapter 3 | DESIGN
裝設巧思著重手法　空間的硬設計

Chapter 4 | ENGAGE
經營細膩奠定根基　經營的軟實力

CHAPTER 1

RESTORATION
創業成功之道

以舊復舊 WANG TEA 有記名茶

01

老屋翻新，百年茶廠
蛻變為茶的博物館

隱身於重慶北路巷弄中的「有記名茶」，是台北大稻埕上少數百年古蹟建築，也是如今仍保留以炭焙古法製茶的茶行。進入店內，古物新茶，新舊交錯，形成強烈對比；端坐其中可悠閒品茗外，也能一探蘊藏豐富的茶文化資產！

大稻埕這間有「活的茶博物館」美名的百年老店，不僅茶品品質迷人、也有強烈的歷史氛圍、專業的導覽介紹；老屋翻新蘊含歷史軌跡，一次滿足買茶、懂茶、喝茶的慾望。

文 _ 鍾碧芬　攝影 _ 邱如仁

改造 POINT!
引入光線增加老屋現代感

裝修並不以大改為主調，反而是希望維持
老屋結構、延續過往生活記憶下，讓室內
添加燈光、櫃子，再加上空間位置調整挪
動後，讓古味仍在，卻多了現代感。

改造 POINT!
過往記憶重現展示區

利用過往外銷茶葉的茶箱縮小版，
擺放現代真空包裝茶葉，設計依
舊，但卻是在時空交替下有著不同
以往的使命感。但是看在老一輩眼
裡，就都是記憶的回溯。

改造 POINT!
分秒繼續前進的老品牌

利用創立年份（1890）
來創意發想，成為獨一
無二的時鐘，隨著每一
次抬頭望，都像是在看
著老品牌又往前推演一
般，也是與顧客互動的
絕佳器具。

老茶行在新時代的潮流脈動

台北大稻埕早期曾是台灣茶葉進出口的集散地，於早年「南糖北茶」時代，
大稻埕的茶葉曾經是台灣外銷的驕傲，當時的茶行約有兩百多家，每年春茶
開始，戶戶茶行飄出的茶香濃郁，撲鼻而來。隨著外銷茶葉的沒落，大稻埕
的茶行受到衝擊，紛紛外移，多數老建築拆的拆、改建的改建，成為如今商
業大樓林立的樣貌，而有記名茶，則是街上少數僅存的百年茶行。

第五代傳人王聖鈞提及，在 1975 年左右，他的父親王連源眼見台灣經濟
起飛，國外喝咖啡的人口比喝茶多，外銷式微，但國內喝茶人口有漸增趨勢，
因此有記決定改變經營方向，改走內銷。另一方面，為了吸引更多人走進有
記、也想保留昔日茶行的風貌，讓民眾更貼近茶葉的傳統精緻製法，因而改
裝了老茶廠，也在台北市濟南路開設內銷門市，經營品牌。

《裝修時間軸線》

STEP 1 策劃　以王連源心中構想，從發想到改裝，大約三個月至半年就完成敲定。

STEP 2 確認　既有建物稍做修整，主體未動，小幅更動細節、補強結構。

STEP 3 設計　還原建物本來樣貌、設備，融入具現代的包裝與裝飾。

STEP 4 商品　商品定調也蘊含新舊交融意象，既維持古味、也有新調，與有記的品質形象一致。

STEP 5 行銷　以活的茶博物館為名，透過對茶葉、製茶的專業知識，結合人文導覽與主題策展，以口碑帶出品牌。

總花費時間　約一年半

「大稻埕以茶聞名，老屋也已有百年歷史，自然不會想在其他地方另起爐灶。」王聖鈞說，利用在地優勢、維持老宅特色，才是百年老店獨特的利基。的確，若到新環境，勢必要重新創造氛圍，這對茶行來說，少了老屋原本的古味及情感，反而很難在競爭激烈的茶市場中找到優勢，況且，既有老屋棄之不用，相當可惜。

老屋換新貌，現代與歷史的交融

一般人對於茶行的印象，不是門面陰暗、就是高不可攀。有記的改裝，保留了老房子的主結構、天花板及樑柱，只對細節做修飾，且一併保存了製茶廠原有的設備與儀器。王聖鈞說，有記改建之初，完全是父親的構思，後續再與設計師溝通，單純是想讓舊茶行展現新的形態與風貌，也希望可以保存老建築的精神韻味，因此只做了部分的補強與變動。

仔細觀察，老建築的內外，改變真的不多，古老的木門、天花板上的圓柱樑，仍能感受過去的氛圍，但室內加了燈光、櫃子，空間位置調整挪動後，感受全然不同。古味仍在，卻多了現代感。

好比說，擺飾在櫃上的茶箱，裡頭放的是現代的真空包裝茶葉，這茶箱是以前外銷使用的縮小版；箱子外的「有記選庄」四個字，做法也與從前外銷運送使用的大茶箱一樣，仍然是用鐵盤刷字做成的「嘜頭」，只是材質不同罷了。

另一個畫龍點睛的設計巧思，則是自製的時鐘。時鐘上只有四個數字 (1890)，代表著有記的創立年份，外形則是採用過去烘茶所用的焙籠，作出類似有腰身的外形，相當獨特。

有著百年歷史的老茶廠，不拋棄舊有老建築的文化底蘊，反是以它為基準開創新時代下的茶之文化。

老屋換新貌不僅乘載了現代和歷史的交融，也在店鋪中遇見喜歡老茶文化的外國客人。

過去製茶所需要使用的工具，至今依舊完善地保留在有記名茶空間中。

由茶行的老師傅篩分、揀梗、焙火、拼配、風選等步驟製成精製茶。

以炭火慢焙的傳統焙茶方式，並且這還是台北還在完整運作的「焙籠間」。

刻意留下不忘本的 歲月痕跡

一樓後棟是過去的精製茶廠，放置了古老的烘焙機、老式木作風選機，有些機器至今仍在運作。老機器的年份久遠，光是木作風選機上沒有一根鉚釘，完全以木頭榫接方式建構，就能看出昔日木工的巧技。

用來篩選茶葉，歷史相當悠久的「風選機」。

茶廠這些看起來像古董的展示品，可都是「服役中」的器具。

　　無論是縮小版的茶箱，或者是自製的焙籠時鐘，都讓整個空間摻雜著新舊融合趣味，不但可回憶當時台灣外銷茶葉時，出口貨櫃場的榮景，也是對過往茶葉歷史的回憶。

品質不變，完整保留傳統製茶過程

　　精製茶，是有記傳承百年的絕活，在台灣幾乎已經找不到採用類似的製茶手法。簡單來說，精製茶就是將毛茶加工，把經過萎凋、殺菁、揉捻及初步烘乾的茶葉，再多做幾道手續工法，讓茶的味道更精純。

王聖鈞解釋，目前有記的茶源來自台灣各地，但因取得的毛茶多半規格、品質不一，且含水量高，容易走味，如果沒有經過焙火，喝了胃容易不舒服，有記以焙火的方式提高茶韻，讓茶的風味更豐富，且能延長、穩定茶葉的保鮮時間。他形容，茶葉精製就像烘焙咖啡豆一樣，火侯的拿捏、時間溫度的掌控、比例的調整，都有著專業知識，並不是如一般中間包裝轉手買賣這麼簡單。

　　當然，焙火的功夫也不容易，必須經過四道工序：置炭、擊碎、置炭化稻穀及稻穀轉白灰等過程，完全以熱氣烘焙，能讓茶葉自然散發濃郁茶香，中間的拿捏正是有記名茶能保持品質的秘密。

1 把好茶包起來，飲 Joy 呈現給您精品級茶包，喝好茶也可以好方便，好享受。

2 有記名茶擷取早期外銷四兩包的概念，結合復古牛皮紙盒造型，讓小禮品的質感再度提升。

撿茶枝場所，變身多元藝文空間

二樓的清源堂原本是女工挑茶枝的空間，改建後搖身一變成為寬敞的中式藝文空間（如下圖），每週六都安排免費音樂活動；藝文空間本身也開放對外租借，經常有氛圍類似的團體來此辦活動，包括音樂會、講座、發布會等。王聖鈞也說，曾經有知名茶餐館想以高額租金來租借場地開業，「但有記本身是做茶葉的，最怕餐廳會帶來髒亂，影響我們茶葉的品質，因而婉拒。」

百年茶廠「有記名茶」在建築物翻新、品牌重新包裝下，如今已注入了活力與創意，現在由第五代傳人王聖鈞與姊姊、姊夫共同經營，逐步向外開展專櫃店面數，也將茶葉重新包裝、推出年輕化的副品牌「飲 Joy」，極力在競爭激烈的茶市場中占有一席地位。而老店的古味與新意象的老茶，早已融合成獨特的文化質感，相信未來，有記名茶必能再次揚帆出發、走入國際。

第二代接手老行業制勝關鍵 Point

1. 對茶葉品質的堅持（對於過往品質的維繫）
2. 茶專業的熟悉度（專業力不可遜於前代）
3. 親切的人文導覽（提升品牌故事性）

老屋改裝不吃虧 Point

1. 保留建築物既有的結構，維護其特點
2. 修補缺漏
3. 讓客人能在進屋一刻感受新舊交融趣味

裝修費用

總花費：約數百萬元（實際數字無法估計）
費用明細：茶箱每個一萬左右、結構補強約
　　　　　　10～20萬、新設備購入約幾十萬

給老品牌接班第二代的你 經驗談

1 別把上一代的事蹟當成包袱，那全都會是你的轉機養分
2 保留下應當有的老事物價值
3 創新間與老文化的結合點
4 經驗分享不可錯失

店鋪資訊

開業時間	1890 年創立
地址	台北市大同區重慶北路二段 64 巷 26 號
電話	02-25559164
營業時間	星期一至星期六 9:00-19:00，星期日公休
店鋪面積	200 坪
員工數	20 人
屋齡	80 多年
裝修耗時	約一年時間，階段性修整

新舊融合 ENGRAVE BARBER SHOP 父刻 男仕理髮廳　　　CASE 02
HAIR SALON

02
復刻親子三代文化記憶
的品味生活

「返鄉創業」，是多少人心中的夢！正是由於在外遊蕩過後，才知曉每日在凝聚自幼起居記憶、純樸生活嚮往的「家」中醒來，是一件純粹卻又能淺淺揚起嘴角微笑的小確幸。而長期與妻兒遠距離分離的 JK，就在第二個小孩出生之際，毅然決然辭去工程師職位，帶著父爺輩承襲下的理髮刀工，將一家妻小帶回了一棟與自幼生活記憶相仿的老宅，開始一家團聚的共居幸福，也以品味生活概念復刻過往記憶的美好。

文 _ 曾家鳳　攝影 _ 管延海

改造 POINT!

融入窗外綠意的四季窗框

傳統宜蘭家屋有著早期四、五〇年代住家的狹長特性，所以當初改造時，特別將牆面改以落地窗呈現，不僅轉為室內最佳風景，也讓客人因應一年四季變化而能欣賞不同風景。

改造 POINT!

訴說過往記憶的理髮椅

講究五官體驗感受的空間設計中，特意找來尺寸加寬的理髮椅，一來可讓男性顧客坐得更加舒適，二來也是讓空間欲呈現的歷史感，無須多加贅述即可清楚表達。

改造 POINT!

適度巧思增加室內光源

本來的住家設計多半前亮、後暗，但是父刻男仕理髮廳卻讓人一改此感，原因就是來自於在二樓添加窗台，讓光線可以進入室內，避免過往只有單一光源的窘境，也讓舊建築更符合現代人居住需求。

返鄉復興橫跨三代的理髮記憶

沿著地址找尋過程中，瞥見一座上上下下滾著藍白紅的燈，僅憑著一股老靈魂隨即拐彎入內，而前來幫忙開門的是笑臉迎人、看來二十來歲的年輕人JK，順口一提，為何隱藏在巷子內的理髮廳沒有設立顯眼招牌，而他只是很有個性的說：「因為這裡只想招攬喜歡老韻味、老生活的客人。」也許，正是這股豪爽與單純，才讓他能夠毅然決然拋下人人稱羨、未來發展性高的工程師職位，帶著一家人回到宜蘭追尋他期盼已久的理想生活。

何謂理想的返鄉？有一部分是為了家庭，而另一部分是期待能夠進行文化保留，用自己的雙手復刻家中祖傳三代呵護男仕品味的理髮刀工。從小就見著爺爺、父親用著一把剪刀雕塑出個性獨具的宜蘭味，然而曾經何時，隨著台灣經濟快速起飛，男仕變得不再重視打理造型，僅是一味辛勤賺錢，讓JK

《開業時間軸線》

STEP 1 前蒐　善用自身理工背景的經驗，先行進行多方的實驗規劃，讓想法、作法透過去蕪存菁之後，才能知悉何謂真正能夠執行之處。

STEP 2 找房　決定好可行性後，最重要的步驟。從調性、融合感以及客人感受等層面加以了解是否是自己想要的空間。

STEP 3 執行　開始將定調的內容加以實施，包含尋找傢飾、傢具，或者是具有說故事能力的元素。

STEP 4 調整　當每項元素皆網羅齊全後，又必須重新審視一番，確認是否每一個環節的元素都合適原先的定調，是段重新篩檢的重要過程。

總花費時間　約半年

深深感到個性品味的快速流失，讓他也想要用自己的一雙手，拾回那過往人與人之間的相互信任與談話的溫度。

於是，當他看見此間與自幼居住老屋相仿的宜蘭傳統斜屋頂房時，不僅結構上有了記憶的味道，而那窗花與講究工法的磁磚，更是讓他一見傾心，而此處就成了現今展現男仕多元生活品味的「父刻 男仕理髮廳」。

老屋回憶裡加乘新時代生活態度

走進這棟有著約莫七十年歷史的老屋，有股令人說不上來的自在感，老屋內該有的小石磚、磨石子地板，讓人有種回到外婆家的親切，但是細細品味其中，卻又不僅是虛而不實的空殼子，滿溢著許多迎合現代生活品味的咖啡香、鋼筆墨水，僅是短短三十分鐘，不剪頭髮也能感到驚艷無比。JK 表示，其實利用老屋創業並非一定，只是自身回鄉最核心價值就是能與家人近距離生活，而當眼前出現這棟與記憶中老家結構相同的房舍時，那股與「家」交融結合的踏實感，油然而生，所以他即大膽地用老屋為據點，喚回消失於時代洪流下的溫度，並結合自身想要提倡的「替男仕加分」的現代品味生活藝術。就如同此間老屋在設計師之巧手下，巧妙融合新舊元素加以呈現，成就 JK 想在擁有自己生活記憶屋瓦下堆疊新時代生活溫度的創業夢。

也許在大眾記憶中，老屋等同於 Local，但是用老屋展新意，並重現當下環境的新意涵，老屋不再僅是乘載物品的空間，又多了一份說故事的魅力，也更加提升了老屋新裝的時間價值。

推開老木門，眼前映入的舊式理髮椅、奶奶用的裁縫機台，瞬間將時光倒轉到那個記憶年代。

隱藏小巷內的理髮廳，不刻意鋪張，只是有個復古理髮招牌在外攬客。

傳統宜蘭斜屋頂建築，與老闆 JK 小時住家記憶完全吻合。

非老似老的生活品味才是主調

德製精釀啤酒，亦或是歐美鋼筆墨水，竟然都能與產自宜蘭的老屋分外合拍，其實原因不外乎是其共通點在於能有説出老故事的生活韻味，創業的銷售設定應當放遠而非拘泥。

炎炎夏日到了理髮廳，不著急討論要剪什麼頭髮，先來一杯沁涼的精釀啤酒解解渴吧！

理髮廳裡賣鋼筆墨水，還真是混搭。不過 JK 説，這間店也是他傳遞美好生活態度的平台，所以分享什麼都不奇怪。

喜好品咖啡的 JK，也會替每一位走進店裡的客人沖泡上一杯香濃的好咖啡。

訴求五感結合的空間風格

　　和 JK 談話的過程中，總容易被他成熟、像是活在過往年代思維下的鋪陳吸引，忘卻他其實只是一個年僅二十多歲的青年，對於老屋有著多元層面的見解，像是「讓老物就活在合適它的年歲」，於是不過度鋪張、裝飾是其對於父刻 男仕理髮廳空間的一大主張，窗邊那座沙發就是他最愛的角落，保留最美麗的小磁磚，閒暇時就能望見窗台上美麗的窗花，時間軸線自然被引回四〇年代的純粹。僅是巧妙地運用「五感體驗」來增強空間予人的幸福感受，

例如，在屋角一處飄散的手沖咖啡氣味、洋溢在空中的上一代青春琅琅上口的金曲、一件單品就能夠說上許久故事的半世紀前理髮工具，時間軌跡自然地融合在老屋內，令人陶醉。

正如同 JK 所言，房子存在的價值是其時間背後的韻味，而房內的配件才是讓空間真正能夠說故事，再度發揮美感與價值的揮發劑。原來這才了解，走進一家理髮廳，也許不僅能求一個新造型，還能領略生活的塑新。

回復你我也許遺忘的過往溫度

之所以取名為父刻 男仕理髮廳，取義「復刻」過往人與人互動的溫度，又連帶到 JK 對於「父」執輩理髮的記憶深度，但是可別因此錯以為店鋪訴求

的是過往理髮風格，本質以講求尋回男仕對於自我個
性要求的中心概念，讓 JK 在創業之前，不僅籌辦回
鄉事宜，更前往台中精進學藝，將英式 barber shop 男
仕的理髮與理容保養觀念，結合父輩沿襲下來的理髮
刀功，以理髮觀念的新舊融合，讓他身懷著能夠剪出
五〇年代復古龐克造型滿足年長他許多的叔叔們，同
時，又能夠將英國紳士風情的優雅感套入於年輕男仕
之中，看著 JK 拿起剃刀時的神情自若臉龐，就足以讓
人倍感放心。

　　除此之外，也許是從小看慣了爺爺、父親和客人有
如朋友般的接待形式，每個第二次走進店內的客人，
都能自在地談上兩句，不是生疏的問候，而是有如多
年好友般從興趣、家庭生活，延伸到未來展望，就像
是到老朋友家作客一般，輕鬆自在，而這時也讓人漸
漸理解，為何不選在摩登大廈內開設沙龍，而是這樣
一間老屋、轉角內的小店，更有讓人回家後能夠安穩
放鬆的閒適。

1 許多來自父爺輩的舊式理髮工具，也陳述
著當年歲月光景。

2 來到父刻，不僅眼前所見滿是復古味，就
連播送的音樂也是那些有著懷舊韻味金曲。

攝影 _ 曾家鳳

老屋開業成功要訣

設計老屋致勝的 Point
1. 帶出老屋歷史層面的說故事能力
2. 巧用現代元素延續老屋生命力
3. 確認自身對於老屋的想法為何

老屋改裝不吃虧 Point
1. 建築圈朋友互助可能性
2. 提高自身手作比例
3. 適度留白展現想像空間

裝修費用
總花費：約 50 萬元（不包含裝修費）
費用明細：內裝水電微調、設備傢具

給第一次創業的你 經驗談

① 確定自己要得為何，不要一味為了找老屋而找

② 回歸白紙，多聽多看，人人都曾是你的導師

③ 網路世代的行銷對話模式也能是一利多

④ 如何展現店鋪給予客人的觀感取決於自我認知足夠與否

店鋪資訊

開業時間	2017 年 4 月底
地址	宜蘭縣宜蘭市碧霞街 26 號
電話	03-9353363
營業時間	10:00-21:00
店鋪面積	20 坪
員工數	2 人
屋齡	70 年
裝修耗時	承租後的裝修約 3 週

以舊創新 CAFE STORY 合盛太平

03
保存宜蘭人日治時期
生活記憶片段

「很多房子都只是建築，只有在注入主人對生活的溫度和品味後，才會創造初回憶的空間。」這是一段對於老屋空間闡述相當適切的評論，尤其當推開合盛太平大門之際更是有此一感；出身宜蘭的律瑩用咖啡香盈滿日治民初時期的磚造屋，讓人們可以重新走進宜蘭第一任市長陳金波執業醫院，幫宜蘭留住一棟美好的歲月古董。

文 _ 曾家鳳　攝影 _ 管延海

改造 POINT!

新物迎合舊時代風潮

不墨守成規一昧地用日治時期傢飾填補空間中的使用空間，而是轉用帶有時代陳舊感的鋼板塑型，經過日曬雨淋後，展現表面上的時代感，看來歐風，卻意外與空間分外合拍。

改造 POINT!

漁夫住進醫生家中打造混搭風

店內所使用的燈具全都是身為漁夫的經營者陳信佑所一手打造，將海上點亮漁夫工作環境的燈具變身成為再次照亮傳統老房的燈具，重啟過往宜蘭人的記憶。

改造 POINT!

復刻那年代的候診椅

除了完整保留過往的椅子之外，更依據當時椅子造型特別商請傢具師傅加以打造全新的椅了，讓客人可以在同一空間中感受不同年代的風華。

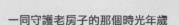

一同守護老房子的那個時光年歲

講起陳金波醫生，是許多老宜蘭的共同回憶，據說很多人一家大小都是到太平醫院看病，雖說律瑩表示在她承租下老屋之前，並不瞭解太多相關歷史，只知道中山路一帶是有名的診所街、銀樓街、銀行街以及眼鏡行，可是當年興盛、繁榮表徵之地。但在一次偶然看屋、一次巧合地與現今屋主談話中，竟料讓喜愛老屋的她和想要維持過往生活記憶的老奶奶一拍即合，不過一個下午的時間不到，她本想退休後才經營的咖啡夢，就此掀開了序曲。

對於律瑩和屋主老奶奶來說，太平醫院在中山路上就像是一處優雅的存在，從 1930 年興建以來就未曾改建，不僅是一棟老建物，更是屋主老奶奶一直冀望守護的「和先生的回憶」。於是本想要開一間能和朋友靜靜坐下來

談心、說故事咖啡店的律瑩，因緣際會下，承載了老奶奶的回憶、老宜蘭人的生活記憶，讓這棟 80 多歲老屋褪去舊有維繫人們健康角色，轉化時代洪流下的面貌，變成一處用空間講歷史的平台。在四年前，宜蘭還僅有為數不超過 5 間咖啡廳的時代，不以翻桌率等商業思考角度切入，而是以保留「人與溫度情感」為主軸的舉動，應當可算是創舉吧！

但是，律瑩卻意外地感到興奮，因為愛老屋的她可用老奶奶大量存放保留下的物品，帶領客人走進時光機，重現當年的情懷。

Less Is More 適度留白讓空間做主角

推開木製大門，隨即印入眼簾的就是刻有「太平醫院」木板的舊式招牌和客人打招呼，而過往醫院的掛號間、看診間，甚至是醫護打針室隔板全都清晰可見，僅是褪去了檢查病床和醫生桌，讓客人坐在現代的一張張小桌旁，領略過往風光。律瑩當初定調的設計風格正是從全面保留舊空間中「不著痕跡地呈現舊時生活」，或許你也發現了當初醫生傳遞病例表單的投遞口，也可能在小物展售架上看見過往裝著消毒棉花的玻璃架，處處令人驚喜的小物件，在在展現了老房溫度，讓人不自覺地就回到了那年光景。

隨著腳步走上二樓，墜入時光隧道感更為加深，過往一樓為醫院營業場所、二樓為住家空間，可以見到和式居室隔間保留了榻榻米和日式木門窗，完全展現過往生活住居模樣，廚房內少見的三爐灶，據說是老奶奶為了替先生熬藥而特製，再往裡頭走，還有極早期即具備的乾濕分離衛浴設備，處處展現出過往大戶人家的生活特質。而最靠外的廳堂，更是展示著許

《開業時間軸線》

STEP 1　保存　和房東溝通原有房屋故事細節，保存特有空間美感，並將不合適公開擺設物品加以收存。

STEP 2　施工　復刻醫院相關傢具、找尋不會破壞房子結構的相關設備加以完善空間成為合適的商業空間。

STEP 3　產品　把自己喜歡的餐飲品加以研發創作，形成能和空間故事相輔相成的品項。

STEP 4　調整　員工教育訓練、空間展覽作品進駐，保留住空間的時代感。

總花費時間　5 ～ 6 個月

多陳金波醫生家庭的既有文物與故事，不僅保存了上一代人的回憶，也守護了老奶奶記憶中的太平醫院，雖說此處不是紀念館，卻在講求完善保存的空間概念下，若你可以多花點時間和員工們聊聊、多花點心思觀看，也許也有一些你我兒時共同的生活記憶，在此空間某處被保留著。

過去的廚房是招待來往賓客時、替先生煎藥時忙進忙出的場域，如今則變成了藝術展演平台，不再端出美麗菜餚，而是一幅幅充滿生命力的故事。

過去的候診區把白牆刷上舊式開關的藍色調、擺上幾張桌椅，變成你我談話、品美味的雙人雅座區。

隱含在空間中的 微老韻味

老屋之所以吸引人，就是建材、設計全都在時光洪流下依舊保有自我腳步，把當時的年歲刻畫地完好如初，不論是磚牆、設計，還是每個小細節，都讓往後百年來人還能仔細品味。

六角磚，據說是日治時代大戶人家才會採用的磁磚，曾有日本人造訪時驚呼：「哇！這是有錢人家吧。」

由於一樓是醫院、二樓是住家，每當營業時，在樓上生活的奶奶就會將層板放下，以免客人不小心跑到樓上，可是相當難見的設計。

整棟老屋的木材全採用紅檜木製成，只是漆上不同顏色油漆塑造層次感，而窗框上的紅檜木還特地設計壓花邊，可見當時對於細節之講究。

原封不動地保留房東老奶奶生活的記憶，在靠車道的大廳留下陳金波醫生家的展覽品，讓客人也能遙想當年醫生世家在此生活的樣貌。

新體不過度強化 講求共存的空間風格

　　然而，要讓老屋能在新時代舞台上繼續發光發亮，適度微調可說是勢在必行！除了必要的水電管線修整外，律瑩不改不更動任何建築結構既有初衷，也不一味地以舊復舊，反而是讓乘載故事年歲的空間，也成為新時代的故事載體。就有如店名 Cafe story 之意，除了説老房、老醫院的故事外，更適當地加入藝術展演成分，用老屋的年歲魅力來説明台灣故事的美好。此外，想要在合盛太平找到新物件還真的不太容易，除了是品項之少外，更因為是其融

1. 老闆娘自己也很愛吃的麻油雞飯。

2. 日本宇治抹茶粉和舊城百年老店手工炒製麵茶粉結合「舊城小曲」，口感濃郁，有飽足感。友人戲稱為台日友好茶。

3. 老宜蘭人都知道的好滋味「北門小調」，採用宜蘭縣酒和蘋果西打調配而成。

4. 因為蘋果肉桂塔實在太熱銷，才推出的主食版「肉桂蘋果甜三明治」。

合性之高，完全不搶過老屋風采，僅是在空間中擔任樸實而恰如其分的配角，例如塑型的銅板桌、漁船上魚燈改做的燈具，雖會經過眼前，卻不是重點配件，讓空間特色依舊不變地停留在那美好的 1930 年代。

踩著過往大戶人家才有的地毯壓銅條樓梯裝飾往下走，突然感覺一樓油漆色彩分外眼熟？原來是與舊式開關上相同的藍色調，為求復古歷史感，還特意請師傅刷出剝落感。這就是律瑩口中所說的以舊創新特點，即便不刻意仿舊，卻也在空間中找到能與環境、時代相融合的空間感。

安心與環境連結的餐飲延續宜蘭故事

坐下來好好飲一杯茶品，也是來到合盛太平的享受之一。因為律瑩把宜蘭老故事全都加注在菜單中，也是老宜蘭人絕對熟悉的老滋味。像是一杯看似擁有文青名號的「北門小調」，其實是早年宜蘭人最愛在麵攤品麵時來上一口的在地滋味，採用宜蘭縣酒紅露酒加上蘋果西打調配而成，是個開胃、順口的老韻味調酒呢！此外，還提供咖啡店內少有的鹹食，是因應早期在宜蘭喝咖啡的既定印象：就是得配上小火鍋、簡餐的生活習性，於是乎有了太平當日主推薦，可能是律瑩拿手的咖哩飯，或者是媽媽口味的炒米粉，讓老宜蘭人回到老醫院找回憶時，也能感受那份小時候歲月的溫暖。

除了菜單延續宜蘭故事性之外，律瑩也把老東西該有的實在度搬到食材上，只提供自己敢吃的料理，不論是「乾媽的麻油雞飯」，還是有著台日友好茶的之稱、在麵茶加入抹茶的「舊城小曲」，全都是材料純粹無添加物，讓你吃進腹中的也是早年口味。

老屋開業成功要訣

設計老屋致勝的 Point

1. 不著痕跡地帶出老屋故事韻味
2. 與房東詳細溝通使用老屋的想法
3. 以舊為思考卻不過度復舊

老屋改裝不吃虧 Point

1. less is more，不需要將空間塞滿
2. 找出可以保留的老屋特色、建材
3. 同中求異

開業費用

總花費：約 250 萬元
費用明細：水電、水冷式冷氣、設備、傢具等等

給第一次創業的你 經驗談

1 40 個座位的咖啡廳，至少要有 350 萬資金

2 了解自己的特質，才能了解合適創業與否

3 增加開業類別的專業知識度

4 成本控管與商品定價不可忽視

店鋪資訊

開業時間　2013 年 8 月

地址　　　宜蘭縣宜蘭市中山路三段 145 號

電話　　　03-9360060

營業時間　10:30 19:00（每月第三個週三公休一日）

店鋪面積　50 坪

員工數　　5 人

屋齡　　　80 多年

裝修耗時　3 個月

以舊創新 SHEN JI NEW VILLAGE 審計新村　　　CASE 04　**CULTURAL AND CREATIVE INDUSTRY**

04
翻轉老宿舍
成為青年摘夢基地

　　散步在審計新村裡，昔日老宿舍裡開起了一家家小店，這裡頭除了有咖啡館、甜品店、選物店之外，更集合不少在地青年創業的概念店，像是結合皮革與木頭的新銳傢具品牌「Chaiwood 柴屋」、以鐵花窗為藍本的創作傢飾「布菈瑟 Blossom」，推動青銀見學（銀髮族與青年）的「Snappy 保羅市集」……這些小店都是通過摘星計畫評選輔導，進駐成為審計新村的一份子，他們的夢想為老屋注入活力，使這裡成為台中下一輪在地品牌的培養皿。

文 _ 李佳芳　攝影 _ 王士豪

改造 POINT!

老紅磚變成植栽牆

在整建過程中,特意將外露的老紅磚直接保留,黏上假的青苔來製造迎合周邊環境的綠意效果,也同時凸顯出老屋本身的特色。(出自布菈瑟 Blossom)

改造 POINT!

廢棄物再利用裝設

直接利用園區內棄置的老窗框回收再利用,加上層板、花卉、綠意的營造情境,重新打造成為後門的展示櫥窗,韻味也與環境極為融洽。(出自布菈瑟 Blossom)

改造 POINT!

生活古意轉換位置再現

為了營造與產品可以搭調的空間特色,特別在五金行可以買到的老茶壺與竹編器物等器具,改造成為特色燈具,顯得別有韻味。(出自布菈瑟 Blossom)

審計新村的歷史不算悠久,建成於 1969 年,建物歷史約莫 40 年左右。前身為台灣省政府審計部員工宿舍,但建築群在 1997 年精省之後不再肩負任務,轉為國有財產局管轄的文化資產,持續閒置狀態一段時間,慢慢腐壞成都市裡的治安死角。

隨著老屋欣力風潮吹起,文化資產逐漸受到重視,使得台中市政府與國有財產局展開合作,於 2015 年積極策動「摘星計畫」,將審計新村先後移交給財團法人鞋類暨運動休閒科技研發中心,以及逢甲大學育成與技術授權中心輔導,朝向將老宿舍打造為台中青年的創業基地。

《開業時間軸線》

（以布菈瑟 Blossom 為例）

STEP 1 策劃　2014 年提出計畫書，但前期資料收集因為畢業製作關係，已經訪察了將近一年時間完成書面與樣本。

STEP 2 找房　2015 年 3 月公布招募，5 月審查，8 月確定進駐點為審計新村。

STEP 3 設計　2015 年 8 至 10 月進行基本裝修，主要處理壁癌與白蟻，原本廚房天花拆除，保留老磚塊的感覺。

STEP 4 商品　2015 年 10 月 31 日正式開店，初期經營比較像工作室，2106 年後隨著周邊產品開發而轉型為店鋪。

STEP 5 行銷　主要利用市集、臉書與實體店鋪行銷，產品開發依照園區消費族群的意見反饋進行調整。

總花費時間　約 1 年半

廢屋群的微型都市重塑

在保存建物特色與永續發展的雙重考量下，修繕團隊以保留原始樣貌為原則，除了加強建物結構與重新配置水電管線，並透過綠美化、公廁建造、廣場形塑、地面步道與空中廊道系統，建構出適宜經濟利用的場域。在空間利用上，依照透天與公寓的不同房型來規劃配置，而空中廊道系統有效將連棟透天的上下樓層分開利用，使得靠民生路的透天二樓可以獨立成為青年旅館。

在營運面來看，審計新村設定青年創業與 OT 案（政府投資興建完成，委由民間機構營運）的比例為 2：1，而 OT 案委任地表最潮有限公司對外招商，並肩負整理園區管理清潔維護，減少摘星計畫創業青年的各種負擔，能夠更加安心發展夢想。

摘星計畫從 2015 年啟動，招募 20～40 歲台中市青年進駐發展文創或電子商務，10 月份首開第一批進駐，到了 2016 年正式營運已有 23 個青創品牌進駐；而 2017 年 4 月之後總體計畫委由逢甲大學育成與技術授權中心接手輔導，除了擔任評選與把關工作之外，也提供實質創業獎勵與輔導，舉辦相關培力課程，提供各種專業諮詢等，並且成為跨境合作的中間人。

找出青年創業成功比例

走一趟審計新村，會發現許多獨特的創意在此得到展現，過往員工宿舍住進了各處年輕人的創意藍圖，展現出新的生命力，而本是居家生活空間的場域搖身一變成為讓人走進觀賞創意可能性的舞台。

舊有眷村空間經過巧手規劃成為青年創業的最佳平台，同時也帶動地方觀光。

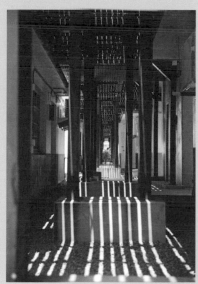

空中廊道有效地將連棟透天的上下樓層分開利用，創造更多利用空間。

饒富韻味的老宿舍，隨光影變化而散發不同風采。

老物在新時代潮流
下的轉譯

布菈瑟 Blossom 的品牌將只是停留在屋瓦外的鐵花窗，變化成為你我生活中的任何可能性，不論是起初將鐵花窗圖樣轉化為造型可愛的迴紋針文具商品，還是 2016 年之後嘗試將創作元素延伸到陶器皿，利用釉色製造出生鏽質感的鐵花窗圖騰餐盤，亦或是使用雷射切割製造窗花木杯墊，都大大延伸窗花的生命語彙。

1 從鐵花窗材質發想的迴紋針，則讓人會心一笑，夾在書本、筆記上，猶如彷彿夾住一扇窗景。

2 選用日本瓷土、青瓷釉材質，古早鐵花窗裝著記憶，裝著每家好滋味，早餐、下午茶時光，訴說著許多美好故事。

以雲科大畢業生林杰妤與徐翌榕共同創立「布菈瑟 Blossom」為例，她們直接將畢業製作的台灣鐵花窗研究寫成企劃案，將原本只是樣品的概念設計實際發展為一系列的成熟產品，成為首波進駐審計新村的青創店家。而在這個兩房一廳的空間裡，她們如同家居生活中家人互相分攤一處房間，與公仔品牌「抗議工作室」在共享空間的過程裡，彼此的想法與創意也再不停地激盪，形成有趣的共生關係。

透過與在摘星計畫擔任創業管理師的郭美娟細聊才得知，設立審查制度的目的是為了「建立區隔」，避免園區店家的業種太過相似而彼此衝突。目前進駐青創品牌包含有設計、文創、農創、服務、娛樂等領域，依照青年們對品牌的定位與需求，空間設計上有商鋪類型，也有單純的展示間或工作室。依據產品特色，老屋也展現出別具風格的生命力。

還記得台灣昔日常見的鐵花窗嗎？從防盜功能出發，卻衍生豐富圖案：每一幅窗景宛如 個故事，成為別具特色的台灣意象，更有設計師從中擷取靈感、轉化為文創商品。

Chaiwood 創辦人

許宸豪：「找出自己想與環境對話的材料」

把生活的想像透過傢具的形式具體呈現，不斷的尋找家中每個角落最舒適的樣貌，以美學的思維大膽地運用材質特性，勾勒出我想要定義的生活美好。

依據創業者找到老屋存在價值

不同於一般銷售空間，在審計新村中也有僅以工作室方式加以拓展的空間利用型態，舉例來說，開設在二樓的「Chaiwood 柴屋」，即是以工作室複合展覽空間的形式經營，創辦人許宸豪投入研究木藝領域，希望將傳統榫接與現代工法結合，利用自動加工與雷射技術將皮革與木頭結合，創作出與眾不同的木傢俱品牌。

他說：「我的行銷模式主要朝向異業提案合作，審計新村的據點則主要做為我的聯絡辦公室，也是無人自助式展場，方便客戶可以直接參觀實品。」其實，對新興傢具品牌來說，最需要也是最渴望的即是被他人看見的可能性，有了這樣一個空間，則能做為實際展示作品的通路，所以老屋空間中的規劃，不以直接銷售為主，反倒是利用空間讓物品說故事！走進這個空間裡，從踩踏的木頭馬賽克地磚到實品傢具，而配合展牆上詳細補充的工法與材料說明，透過文字、影響與實際感受，即使沒有人員介紹，品牌精神也能被清楚展現。

在審計新村裡，空間找到許多可能性，而其全來自於創業者如何適度地看待與呈現。

保持活水動能持續培力

隨著摘星計畫按部就班地前進，審計新村似乎為培植青年創業找到了新方法，而隨著整個園區發展日益成熟，加上吸引的來客數持續增加，也更加讓人期待將來的實驗成果。在此願景下，審計新村定位自身可以保持活水狀態，設定摘星計畫以兩年為一期，鼓勵培力完成的青年離巢發展，讓老屋場域持續保持動能，擔任新創事業的培育角色。

老屋開業成功要訣

進駐老屋不吃虧 Point

1. 不要過度包裝掩去老屋
2. 用你最擅長的元素來裝修
3. 貨比三家不吃虧，多請教有經驗的人
4. 確定動線再來施工，避免不必要敲打
5. 發揮廢物利用，有創意又省預算

「布菈瑟 Blossom
創辦人這麼說」

青年創業致勝的 Point

1. 產品必須要能跟大眾產生共鳴
2. 利用打樣展示直接測試市場
3. 先從市集或網路平台累積口碑
4. 隨時保持熱誠才會有進步的動力
5. 經常觀摩其他店家，不要故步自封

總花費

裝修費用：10 ～ 15 萬
產品初期開發費：15 萬
周轉金：3 萬（每月補助金）
固定租金：依照園區坪數比例
人事費：來自額外承接的設計案

給第一次創業的你 經驗談

① 創業貸款資訊是年輕人的好幫手
② 創業場地出租資訊不可漏，大幅減低營運成本
③ 堅不可摧的核心價值
④ 互相學習、交流，促進創意

店鋪資訊 ——— 布菈瑟 Blossom

開業時間	2015 年
地址	台中市西區民生路 368 巷 4 弄 8 號
電話	0911-614283
營業時間	11:00-18:00，週二、三休
店鋪面積	8 坪
員工數	2 人
屋齡	40 年
裝修耗時	2 個月

店鋪資訊 ——— Chaiwood 柴屋

開業時間	2015 年
地址	台中市西區民生路 368 巷 4 弄 6 號 2 樓
電話	04-23014247
營業時間	不定（預約參觀）
店鋪面積	5 坪
員工數	1 人
屋齡	40 年
裝修耗時	2 個月

集舊整合 SMALLEYE BACKPACKER 小艾人文工坊

05
D 咖老屋化身為
容納國際住客的背包客棧

　　曾為公務員的許書基，在 921 地震後選擇回到家鄉鹿港，以文化保存、老屋活化為核心
價值，提出保存百棟老屋概念，目標是重複行為 100 次創造影響力，而做為他起點的第一
處基地則選擇具有 200 年歷史的鹿港家屋，成立小艾人文工坊，希望透過自身力量喚起更
多在地人的自覺，讓閒置老屋公共化，重現鹿港先民的奮鬥史，並吸引更多人造訪鹿港，
讓年輕人不再離鄉背井。

文 _ 林慧瑛　攝影 _ 王士豪

改造 **POINT!**

引入光源的室內沖澡室

過往傳統型家屋都有著狹長、光線不足的問題，故起先改造時，特別將位於室內的公用浴室裝設一處透明牆面，設計出類似露天洗澡之概念，事實上並無曝光疑慮，卻也改善了昏暗的家屋既定印象。

改造 **POINT!**

重現兒時生活記憶窗框

在裝修過程中，空間融入許多許書基的記憶，像是一樓公共空間中大量展示的窗框，就是其復刻小時候曾在牆面貼上很多獎狀的變形，壞掉的窗戶成為乘載記憶裝飾在背包客棧內，繼續保護這棟建築。

改造 **POINT!**

舊門板乘載你我歡樂時光

經過眾人集思廣益，一處匯聚大夥談天的「艾吧」誕生了！利用老舊門板製作成各種艾吧裝飾，透過不同時期舉辦的飲酒活動，讓從四面八方匯聚的人們可以一同談天、暢飲。

創業源起 為家鄉盡一份心力

清朝設口開渡後，鹿港商船雲集、店鋪林立，曾繁榮一時，但日漸淤積的航道讓大船難以出入，鹿港對外貿易的優勢盡失後，從此走向繁華落盡的滄桑。但曾經的富庶，讓鹿港留下為數眾多的老宅院，但民間單位為了順應時代變遷，拆毀老屋的行為屢見不鮮，90年代搶救日茂行古蹟是維護老屋極具代表性的行動，而許書基就是參與其中的一份子。他表示，自己雖是鹿港人，但原本對家鄉不太了解，直到大學時參加社團，發現鹿港是台灣重要的古蹟文化寶庫，從此愛上鹿港。

《開業時間軸線》

STEP 1 願景形成
從開始有保護老屋的想法到發動百棟老屋企劃。至今依舊一直在轉變，前後加總起來已經約有 20 年時間。

STEP 2 組織
與同好創立小鎮資產管理有限公司，開創核心價值。

STEP 3 尋找屋源
從主動出擊尋屋到如今由屋主接洽聯絡。

STEP 4 設計修繕
保留 80% 老屋原樣，更動需少於 20% 且不能有違和感。

STEP 5 環境經營
經營是留下老屋的手段，套用商業模式讓老屋成為有賣點的空間。

總花費時間　10 年

921 地震後，他回到家鄉謀求工作機會，發現在老街開店的多為外地人，對於保存老建築並無積極想法，許書基説，鹿港是由商人組成的環境，談文化保存對商人賺錢沒有幫助，他只好從實際層面發聲，指出老房子的歷史價值會上升，但建物價值卻逐年遞減，光是修繕及每年的維護費都是問題，他因此與愛好文化的朋友成立「小鎮資產管理有限公司」，以資產管理的角度出發，承租老屋後進行修復，並管理後續的商業活動，讓老屋有機會重獲新生。

尋找老屋創業的優勢與立基點

尋找物件當時，許書基早已在鹿港開設酸梅湯店，故希望尋點就以可以就近看管的鄰近老宅著手，而現今成立的小艾人文工坊（以下簡稱小艾）恰巧符合此條件，然而問題則出現在這棟建築已荒廢至少 30 年，且位於古蹟保存區，房子無法拆毀重建只能原樣變賣，有可能成為難以擺脫的負債，因此他在接洽屋主後提出「文化創意」想法，才成功説動屋主答應免費修繕房屋，以換取較便宜的房租與 10 年租期，就此展開小艾的重生歷程。

許書基説，之所以會將小艾定義為背包客棧，故事説來話長，其實早在 2008 年時就已有同學建議他經營背包客棧，但當時風氣並不盛行，多年後，許書基又聽到開設背包客棧的想法，覺得是上天給他的訊號，深入了解後才知道，背包客棧是一處共同生活、入住者可以一起維護的開放空間，當小艾快整修完畢時，協助經營的小管家也恰好出現，一連串的巧合，讓許書基也不禁感嘆：「當你對世界發出有意義的想法時，全世界都會幫你的忙。」

鹿港街道上依舊保留著許多從清代即建造完成的房舍，與其他老屋有著相當不同的差異。

靠政府補助或屋主出資，都不是長久之計，老屋能自主營運才是續存關鍵。

許書基說：「以前住的村子，二分之一是爺爺蓋的，四分之一是爸爸蓋的，那個村子幾乎是我們家蓋起來的。」

彰化縣鹿港鎮是台灣早期３大最繁榮的港市之一，至今仍擁有許多保持完整的老屋。

拾舊復新的
老舊陳設

用許多老東西來映襯空間的時代感，是利用老屋創業的最直接設計與擺設，不用過多的敘述，自然而然地在空間裡演繹出一段時空交流的對話，也更加能夠給予老屋一股油然而生的生命力。

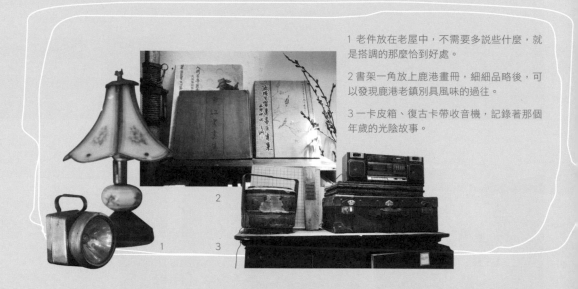

1 老件放在老屋中，不需要多說些什麼，就是搭調的那麼恰到好處。

2 書架一角放上鹿港畫冊，細細品略後，可以發現鹿港老鎮別具風味的過往。

3 一卡皮箱、復古卡帶收音機，記錄著那個年歲的光陰故事。

保存原樣　老屋活化再利用

在設計背包客棧時，許書基堅持小艾需保持 80% 的老屋原樣，更動部分不超過 20%，這樣才能算是文化保存，只要沒有違和感，也不排斥使用新材料和新技術。許書基表示：「小艾是一處生活空間，它有靈魂，即使外表稍微改變，但還是熟悉的老屋，若全部重新翻修，沒有生活感和歷史感，靈魂已經不見，就算修得一模一樣也沒有用了。」小艾的大門塗上鹿港人喜歡的大同綠（綠色大同電鍋的顏色），也保留了福州杉隔間、廳後房和壓艙石作成的門楣，這是因為許書基長期於鹿港生活，理解這裡的文化也知道如何呈現。而小艾還有著他與父親的回憶，許書基說，鹿港很多老房子是曾祖父的作品，家族四代都是水泥匠，修復小艾時，父親教導也要求他使用建築古法，但父親過世後，最重要的顧問已經不見了……。

維護老屋的永續使命

　　許書基的團隊期許自己是一朵小花，能綻放香味和氣質。以前有一個故事，邋遢的人收到小花後，開始尋找適合的花瓶並打理自己和周遭環境，小花雖然不厲害，但能添加價值，並且展現自己的芬芳，周遭環境也或許會因為小花而改變，而這就是許書基想要回來鹿港作的事。他提出修繕 100 間老屋、讓 100 個年輕人在鹿港完成 100 個創業故事，當 100 X 100 X 100 時，可以有 1 百萬種排列組合，對這個社會就具有穿透力和影響力。對於許書基而言，文化是願景，在老屋內經營商業活動是手段，重點不在於賺錢，而是將老屋留下來。文化保存需要資金，愛文化不能只喊口號，若能像小花一樣影響大家行動，保存老屋才算是真正成功。

許書基認為裝修老屋必須保留必要的殘舊感，配上老物件就是最合適的設計感。

老屋開業成功要訣

設計老屋致勝的 Point
1. 以傳承文化做為保存老屋目的才能長久
2. 老屋活化延伸故事性
3. 吸引年輕人進駐，當創業基地

老屋改裝不吃虧 Point
1. 老料再生降低成本
2. 取得長期使用權（最好 10 年以上）
3. 不過度整修，接受原貌

開業費用
總花費：約 200 萬元
費用明細：房屋修繕約 120 萬、設備傢具 80 萬

給第一次創業的你 經驗談

① 找到老屋的精髓，才不會隨波逐流
② 老屋不是不能修，而是需要知道哪些該修、哪些該留
③ 多問問在地人分享老屋故事
④ 聽久了、聽多了就會變成你的了！累積經驗，失敗也不怕

店鋪資訊

開業時間	2013 年 10 月
地址	彰化縣鹿港鎮後車巷 46 號
電話	0988-18/664
營業時間	無特定營業時間
店鋪面積	40 坪
員工數	3 人
屋齡	200 年
裝修耗時	6 個月

集舊整合 Peaceful Valley 小和山谷　　　　　CASE 06
RESTAURANT

06
小鎮古厝
飄散在地健康好味道

　　周邊是純樸到不行一般民家，阿伯們赤裸著上身正在處理農穫，而門後襯著美麗的中央山脈層層疊伏，眼前有些零星農田，這裡是擁有後山僅存寧靜的小山村聚落，白日蟲鳴鳥叫、夜晚繁星點點，好不詩意！而成功打造小和農村的 Claire 和 Eason 在此擁有 80 年歷史老房中，注入自然健康的歐法料理以及各式各樣藝文展演活動，期盼帶起地方新經濟，讓人重新發現老房子、老社區的質樸魅力。

文 _ 曾家鳳　攝影 _ 徐佳銘　部分圖片提供 _ 小和山谷

改造 **POINT!**

百年檜木樑柱成裝載美味平台

傳統日本老房多半使用檜木搭建主結構，雖說在進行結構補強時發現許多檜木都已經有蟲蛀問題，但是為了讓其生命能夠持續飄揚，特將多塊木條組成一片桌板，讓道道美味料理都有淡雅木香相佐。

改造 **POINT!**

留住花蓮老房歷史韻味的通風口

也許你聽過雨淋板、緣側，但是可能不見得親眼見過這一片換氣窗，據說是在花蓮地區的木造房子特色，形成一片窗框上有窗片、下有可收合的換氣片，改造時特別完整保留、修繕，可別錯過了實際一覽的好機會唷。

改造 **POINT!**

滑門基座變身書架展覽陳列處

過往日本房子為了居住之舒適性，會在建築個部分設置不同通風之構造，像是基座，就設有通風門格柵，有利於室內通風與避免潮濕。重整時打掉基座除了看人可清楚看見日式老房結構外，也保留其上滑門軌道，讓其變身為乘載藝文資訊的平台。

用一間餐廳改變純樸後山村落的故事

車子駛離花蓮市，窗邊兩側風景從樓房換成了山景，綿延不斷的中央山脈襯著藍天白雲，絲毫不掩飾地告訴旅人已經來到美麗田園，背景有著悠悠鳥鳴、蟬聲四起，一幅鄉村田園樂開展眼簾，祥和又純粹，由主人 Eason 引路來到了他與 Claire 開創青年美夢的新藍圖，就和它的名字一般，讓人想要靜靜地在此欣賞風景、倒映在山谷下的夢幻莊園一小和山谷。

位離花東縱谷風景區入口不遠處的這麼一間特色老屋，日式建築加上前後院佔坪近 200 坪，堪稱是地方原住民望族的家，也曾是在地婆婆照料待產孕

《開業時間軸線》

STEP 1 分析構思 — 可說是屬於假想範疇，藉由全面性的沙盤推演可更加明瞭未來執行方向，以及中心思想是否已經足夠明確。

STEP 2 估價 — 在自身能力範圍內先進行動工，包含軟體、硬體層面皆是。非可立即完成的階段，或許也可從中加以調整。

STEP 3 拆除與保留 — 借助工班的執行力開始動工，過程中必須仔細參與，因為老屋的故事也許也就隱藏在其中。

STEP 4 DIY — 是節省預算的重要環節，也能增加空間中的人文溫度。

STEP 5 整合 — 依據個人擅長不同加以分門別類，能更加確實掌握進度。

總花費時間 6～8 個月

婦的產婆工作室，而歷經時空轉變，現今已是乘載他們給旅人一處悠閒生活的處所，有別於他們初創業的品牌小和農村是提供悠閒住宿空間，小和山谷則是轉而照顧來此旅客人們的胃，延伸民宿內提供廣受好評早午餐料理，為晚食、不趕行程的人們供應輕食、舒芙蕾鬆餅，入夜後，還能與三五好友來此小酌。

一間店，可以如何改變一個社區的展演型態，小和山谷也許就是最佳範例，改善花蓮人口組成鬆散，又多老年人問題現狀，用一間餐廳讓花蓮年輕人有處優良工作平台，同時也能開創出更多的可能性，例如善用老屋空間舉辦草地音樂會、小市集、戶外婚禮等，讓老屋有了說出後山新故事的時代嶄新面貌。

雖非依老屋而生 整體營建不脫老屋特色

光是見到小村山谷建築外觀時，就有一股令人說不出來的震撼力，或許是周遭兩旁傳統台式公寓內竟然隱藏了這樣一處美麗日式家屋，著實讓人感到興奮！再加上在地居民你一句我一句地分享此處屋舍故事，更是證實了走進時光倒流的老屋中，和在地人一起說故事，舊式潮流永不退燒。

老屋內實際坪數並不大，但是廚房空間即有將近主屋的四分之一，著實讓人摸不清頭腦，而一旁還有間擺著小床鋪的小工坊，正困惑著是主人工作時稍做歇息而備嗎？Eason 適時地說明：「這裡是產婆以前替人接生的產房！」原來過往交通不便，又是前不著村、後不著店，婦女根本趕不及到醫院生產，街坊鄰居中總有一位德高望重的產婆，據說方圓一公里左右的居民都是在此接生呢！

來自自家種植的新鮮蔬果，在夫妻倆的巧手下變換成一道道美味又可口的料理。

日式家屋和歐法鄉村風格在兩人巧手之下，不僅完美結合，還意外地營造出一股重回美好時代的歲月感。

平時即愛好蒐藏古物的兩人，特意將歐法古董傢具裝飾在老屋各處角落，值得細細品味。

　　當然規劃老屋空間時，也常有意想不到的收穫，來自繁華都市的 Claire 說，屋後一株參天大樹本來大家皆無特別上心，但後來聽改造工班說，這可以是絕種樹了呢！赫然讓他們衍生出「何不和絕種樹一同開創新生命呢！」試想新人們若在此樹前見證婚姻，該是多麼令人感動的瞬間。

跨國結合以舊復舊的空間展演

　　推開老屋大門，隱入眼簾的是一如小和農村品牌特色，以歐洲鄉村風為主調內裝，空氣中飄散著訴求自然無負擔、特色香料氣息飄散的歐法料理香氣，完全和此 80 多年歷史、實屬台灣二、三O年代日治時期老屋毫無違和感，Eason 兩夫妻表示，因空間內本已隱含有國外家屋元素，因此兩人更加大膽地加入自身喜好的英德歐式老歐洲鄉村風格，年代相較起小和農

保留老屋元素
品牌特點也應聲而出

捨不得挖掉的老樹、丟了可惜的檜木樑柱，甚至是那點點滴滴的老屋內生活溫度，形成了空間說故事的能力，而加注在其中的不應當是譁而取寵的現代風，反倒應是能夠相呼應的產品特色。

古董英式暖爐，瞬間讓空間韻味變得有股歐風情調。試想入夜後在此談天，多有情調。

老舊又部分毀損的檜木，特意請工匠加以整修，成為一張張乘載美味的桌子。

村更加久遠，才得以呼應老屋在時代軸線上的溫度，不論是燈架、復古皮箱，還是小至擺設的一角，處處都看得出混搭的歷史韻味，即使融合日歐風情，卻顯得意外合拍。

　　起初在裝修過程中，即不以大幅度改造結構為訴求，反倒是希望清楚地留下日式屋舍結構，拆除不必要或是已經毀損處，將日式斜式屋頂、底座嶄新裸露，呈現出一股新式結構外，也讓老屋細節毫無保留地呈現在來客眼簾，來此品上一頓晚餐、午茶，也能領會一段別具風情的空間故事。

歐法料理結合時下慢活生活型態

　　由老闆娘 Claire 親自研發的舒芙蕾，沒有一般甜膩的口感，反倒是入口後的鬆軟彈性叫人味蕾留下深刻印象，是女性朋友一吃就會愛上的好滋味。在日本老屋裡賣歐法料理，聽來也許有點無厘頭，實則不然！老屋創業的一大

日式老屋、英歐風格裝飾，打造老屋空間在新時代下的嶄新生命力。

後院中已經絕種的老樹，見證了老屋重生的故事。

在主屋一邊的偏房，過去是產婆接生之處，現今則演變成創業者發想新創意的工作室。

賣點就是「故事性」，加上老屋在現今語彙中已有與「文藝」、「韻味」等
關鍵字相互連結的特點，因此先用空間點綴出整體韻味後，再營造出一種生
活感、慢活步調，就正與浪漫、享受生活的歐法生活產生關聯。於是乎用一
兩個小時時間好好品味一頓飯，亦或是在晚飯之後，來杯小酒和友人話家常
都在在顯得自然不過。

　　當初，一眼就認定的老屋魅力，透過半年光陰去蕪存菁，老屋本已停擺的
歷史軌跡就在這一刻重新啟動，未來也許小和還會在花蓮開創更多無限的可
能性。

圖片提供 _ 小和山谷

圖片提供 _ 小和山谷

1

2

3

1. 開放式吧檯設計，讓客人可以清楚地
看見工作人員的料理過程。

2.「貝里果果舒芙蕾鬆餅 Berry Soufflé
Pancake 」，熬煮莓果醬淋在咖啡酒香
草和覆盆莓冰淇淋上，鬆餅奇妙又蓬
鬆的口感，完美絕配。

3. 店內菜色全是 Claire 自行開發，像是
堅持料好實在的山谷手打肉排南瓜咖
哩飯就是主餐選擇之一。

老屋開業成功要訣

設計老屋致勝的 Point
1. 遠離戰場，可意外開發出有商機的地點
2. 符合現下潮流的大眾喜好
3. 需掌握商品獨特性
4. 需掌握自身獨有的特有風格
5. 周遭氛圍營造可能性強

老屋改裝不吃虧 Point
1. DIY 比例不能少
2. 不偷懶確實監工
3. 不過度裝潢、保留原有元素
4. 謹慎估價
5. 選擇值得信任的工班

開業費用
總花費：約 80 萬元（不包含裝修費）
費用明細：內裝水電微調、設備傢具、老屋結構補強

給第一次創業的你 經驗談

❶ 了解自己的目的為何？並不是人人可創業
❷ 找尋可以相互扶持、討論的對象
❸ 建立完善的收支計畫，以免入不敷出
❹ 了解分工合作重要性，適度信任他人以免全事攬在身上

店鋪資訊

開業時間	2017 年 8 月 19 日
地址	花蓮縣壽豐鄉壽豐村壽文路 43 號
電話	03-8655175
營業時間	14:00-22:00
店鋪面積	20 坪、戶外 160 坪
員工數	4 人
屋齡	80 年
裝修耗時	近 2 個月

新舊融合 COFFEEBEAN STOCK 大和頓物所　　　　　CASE 07
　　　　　　　　　　　　　　　　　　　　　　　　　　　　CAFE SHOP

07
用咖啡保留
一座城市的歷史

　　人說，生活是因為有了殼居才能滋養文化，但從五○年代起，台灣社會一昧追求經濟起飛狀況下，似乎人們已經遺忘了房子不僅是居住空間，也涵養了當時歲月流動下的生命力。推演至 21 世紀的今日，本業製造業的台灣廠家跨界投身服務業，以「一城市一咖啡」的概念，希冀老房價值重新被世人注目，找回它在時代脈絡中應有榮景。而座落於南國的大和頓物所就如此大刀闊斧地說起了日治時期南部引領潮流的輝煌。

文、攝影 _ 曾家鳳　圖片提供 _ 大和頓物所、力口建築

改造 POINT!

植樹讓過往文化延延不絕

在過往米倉中的出米口種下一株大樹,象徵著過往收穫米粒的心意,現下已經轉為生命力,希望在未來的二十年、三十年都能夠持續往上蔓延。

改造 POINT!

太陽的故鄉追本尋源

屏東什麼沒有,就是有得天獨厚的大太陽!大膽地在老米倉內建出一個夢幻的玻璃屋,讓人即便置身室內也能感受南國陽光的熱情如火。

圖片提供 _ 力口建築

改造 POINT!

因地制宜的細節巧思

屏東多雨,為了因應大雨來襲大量灌注雨水,設計師特意巧思地在空間中設計多數排水口,不僅可以便於快速疏導水量,也呼應了米倉忌水的意涵。

復興老屋 讓建築營造品牌力

　　創建大和頓物所其實不是起點,而是大和計畫中的「一個過程」!大和計劃負責人 Paul 這樣說。

　　時間應當回溯至大和頓物所 2017 年 2 月開始運轉前三年,因為工作緣由常有機會入住國外飯店的源順工業有限公司董事長許源順,總感嘆著每每陪妻子回屏東娘家時,都沒有辦法住進有如法蘭克福百年旅店那般刻畫著歲月歷史的旅宿空間。而正是此略帶遺憾的心境,讓其遇見位在屏東車站前、見證屏東繁華歲月的重要歷史建築「大和旅社」時,才起心動念要讓大家重新看見屏東黑金町的文化脈絡。

《開業時間軸線》

STEP 1　基礎

開業構想、資金等基本需求都已經準備至 40% 左右，就要 GO 了！因為計畫永遠趕不上變化，創業本來就是一個挑戰的遊戲。

STEP 2　執行

復刻旅社相關傢具、找尋不會破壞房子結構的相關設備加以完善空間成為合適的商業空間。

STEP 3　調整

成功是在調整中尋獲！在開業過程中必須不斷抽離與審視，才能在問題一出現時立即應變與修整。且每一次調整都是要更靠近成功。

STEP 4　初衷

面對開業的挫敗、不被理解時需要不斷地告訴自己當初的創業想法，才能朝著目標往前走，嚴禁三心二意。

STEP 5　發酵

經營者不能只是永遠投身實作，而是要積極思考，把未來的發展方向從做中挖掘。

總花費時間　四個月

其實，屏東不是沒有能夠讓眾人驕傲的文化，只是在日本政府、國民政府等政治輪替下，演變成大眾慣於推翻先前歷史，一昧地追新排舊，進而漸漸地失去遺留在歲月中的設計脈絡。欲在總被視為文化沙漠的屏東開創出一番創業疆土，被予以重任的 Paul 表示：「建立品牌力，勢在必行。」於是他們強烈主張保留老屋本有面貌，找回在歷史洪流中被忽視的設計底蘊，積極保存戰後南部 10 大建築師之一陳仁和在旅社中的設計概念，不論是日治時期所流行立面有水平線腳裝修、柱頭有西洋語彙裝飾，還是立面轉角處呈圓弧造型，甚至是內部旅社小隔間的特點全都細心保留，甚至登入為歷史建築，透過復興大和旅社替城市留住一棟建築物，更是留住一段輝煌的歷史記憶。

未來，當旅社正式營運後，將會是結合美學、藝術和生命力的新據點，正如同大和計畫預計打造出的品牌故事——「用老建物喚醒城市魅力」一般，更多人潮交替也促進地域生產力運轉。

時間軸線 慢慢引導回溯空間意義

從一間老屋「大和旅社」為序曲，帶動起大和計畫吟唱屏東日治時代故事的章節。先是修復屏東車站前「大和旅社」設立「驛前大和咖啡」，以日式古樸外觀直接引導大眾認識大和旅社背後的日治時期韻味，更導入當時台灣受惠於日本人引進的西式飲品咖啡，坐在京都風味十足的店內，品味一杯咖啡，在從店內書架上拿起大和旅社內部修復計畫書，引導人客關注大和旅社的變化，也藉此淺移默化地灌注屏東文化的張力。

有了序曲、承接後，再來創立的「大和頓物所」所

誰説屏東不能引領潮流，大和計畫品牌企圖以大和旅社的歷史底蘊開始發酵，創造屏東的品牌力。

扮演的角色重要性即是「讓人愛上空間的價值感」，老屋述説時代潮流的古味，而欲讓其在現代時空下留住人潮，自我品牌力則是一大重點。因此結合烘豆場所的老屋咖啡館，訴求要讓客人看見品牌的堅持；換言之，用老屋過往歷史魅力引人進門，再用一杯自傲的咖啡連結歷史與現代生活，老屋就能自行創造營運、維持的可能性。

沒有多餘料件 訴求美學價值

以完工對外營業的大和頓物所為例，因為座落於百年竹田車站前，在日本大正年間車站原名「頓物車站」，因此為求連結在地化取名為「大和頓物所」。為求符合品牌概念以文化發聲的特點，特別和設計師商討空間呈現概念結合此處前身之德興碾米廠特色加以呈現，完整保留外圍紅磚牆，再運用場地和故事背景，讓老米倉變身成為乘載故事的空間。

還不能入住大和旅社沒關係，先到一旁的咖啡館感受一下當時此處的日式風情，品杯咖啡、吃著日式料理彷彿就像是來到日本一般。

與時代交錯 米倉再生面貌

從 **1942** 走進 **2017**，古老鋼構不變，只是用新生手法讓水滴、陽光續生老物上的植物生命力，彷彿過往曾在這發酵的歷史也依舊可見。

推開 1942 的門把，時空將要進入到 2017，就像是從過去走進未來般，玻璃屋外的世界是那年不變的歲月。

圖片提供 _ 力口建築

結合竹田車站色彩和周邊鐵皮屋結構，讓頓物所不僅不會突兀，還能立即迎合進周圍環境之中。

　　外牆屋頂迎合當地周邊屋舍多為鐵皮屋，採用相同材質製作，和空間內梯間接延伸竹田車站藍灰色色調，營造出一體延伸感，成功營造以建築、文化為主調，並希冀和建築物共生的設計空間概念。整體空間不做多餘裝飾，留下舊有穀倉的鋼條結構，即便擺放上現代桌椅後，依舊不失過往古老時光歲月氣息，就像是剛要入門時，推開 1942 年的把手，走進 2017 年的新空間，有著屬於屏東特點的大量光線透過落地窗引進室內，整體感覺明亮舒適，老屋重新訴說著新時代下的故事。

圖片提供＿力口建築

日式風情的咖啡店有著日本道地清幽風情，還以日式
禪風加以裝飾。

　　未來，更希望透過大和計畫的模式，透過一城市一
咖啡館的概念，將住宿與咖啡館加以結合，要在每個
城市中開發出一棟保留歷史、訴説新意的城市驕傲，
讓建築和美學加以結合，提供更多的在地就業機會，
也分享各式講座，讓預計創業的人有更多交流、學習
的管道。

1 於日式房舍內聽著日本樂曲品著日本經典鰻魚飯，口味道地純正不説，更主張用台灣
外銷日本的在地鰻魚品牌，呼應提攜台灣在地品牌的品牌精神。

2 從進口生豆開始烘焙的大和咖啡企圖吸引更多台灣人進入咖啡領域，並引領一波愛上
大和咖啡多樣且不同程度烘焙的豆香。

3 迎合空間舒適調性，來上一杯野梅冰沙，夢幻唯美女性氛圍瞬間提升。

老屋開業成功要訣

老屋改裝不吃虧 Point
1. 充分了解老屋歷史和當地的連結，並加以延伸與發揮
2. 不過度的裝修, 留白營造氛圍
3. 適度的裝修，創造新舊物件的共生

設計老屋致勝 Point
1. 考量建築狀態好壞，考量其於預算上所產生影響
2. 避免過度和無所謂的裝修

開業費用
總花費：850 萬
費用明細：結構 600 萬、設備 250 萬

給第一次創業的你 經驗談

① 事先了解開業位置是否具有人潮
② 信任專業、補強自身不足
③ 資金控管重要，不做過大幻想
④ 確認自身目標，不隨波逐流

店鋪資訊

開業時間	2017 年 2 月
地址	屏東縣竹田鄉豐明路 26 號
電話	08-7712822
營業時間	09.30-18.30
店鋪面積	40 坪
員工數	3 人（假日）
屋齡	70 年
裝修耗時	1 個月

以舊復舊 YUURIN-AN 有鄰庵

08
古民家變身
時尚旅舍喜迎客

　　日本岡山縣倉敷市美觀地區保留了古色古香的景色，當地的屋舍也大多維持著江戶時代以來的外觀，而出身岡山縣的業者，數年前利用當地的古民宅融合創新元素改建成民宿旅舍，迎接來來往往的旅客，傳遞日本文化特色，讓落腳民宿的旅客，住在歷史悠久的建物內，近距離感受傳統文化的魅力。

文 _ 黃筱君　圖片提供 _ 有鄰庵

改造 POINT!

營造聚集旅人的環境空間 ————

雖然有鄰庵多半空間多以保留過往素材
不加以翻修，但是為了迎合互動、交流
的旅宿宗旨，特意在土間擺放一張樹齡
高達 900 年的日本七葉樹桌，讓旅人入
住、用餐時都可自在地在此互動。

改造 POINT!

便利性和洋式空間結合

為了提供給國外旅客抑或是一家出遊旅客使
利性，採取一樓和式、二樓洋式的住宿空間
規劃，年輕人和長輩一同出遊也能盡心愉悅。
（以有鄰庵經營之 barbizon 為例）

　　株式會社有鄰代表取締役犬養拓雖然不是有鄰庵最初的創業者，但是雙親
同是岡山縣出身，加上媽媽的老家更是在美觀地區，讓他對於美觀地區毫不
陌生，故在承接此事業後，繼承創業者傳遞倉敷美好價值初衷，讓小時候嬉
戲的家鄉成為現在事業發展的據點。

　　岡山縣倉敷市美觀地區完整保留了江戶時期的景觀，更被當地政府指定為
「重要傳統建造物群保存地區」，因此，保存下來的宅戶、商店和倉庫等傳
統建築物，在現在時代光景下成為一間間店家、餐廳或是住宿設施，而由株
式會社有鄰所經營的有鄰庵、barbizon 和美觀堂也是當地古民家轉變而來。

《開業時間軸線》

STEP 1 策畫　決定在美觀地區打造民宿旅舍後，先從美觀地區的物件情報開始調查。

STEP 2 找房　在倉敷美觀地區，外地人想要租借物件會有些難度，因此需要向當地的不動產業者完整傳達自己的想法和熱情。

STEP 3 設計　雖然部分也是因為資金不夠充裕，但保留建物本身的懷舊氛圍，這對下榻旅客來說也應該頗具魅力，因而判斷無需多做內部整修。

STEP 4 商品　餐廳推出的料理盡量以使用岡山縣或是倉敷市產的食材為主，凸顯地方特色之外，也能和自古以來留存下來的建物本身做連結。

STEP 5 行銷　日本近來掀起古民家改裝咖啡廳或是住宿設施的風潮，早在這個風潮之前就開始古民家民宿經營的有鄰庵自然而然備受注目。

總花費時間　一年半

有效利用古民家資源 打造懷舊體驗空間

約在 6 年半前，因有鄰庵的創業者想在美觀地區打造一個讓日本年輕人體驗住進舊式宅房，同時也讓旅人感受百年建物氛圍的空間，而有了發展旅宿的想法，當時雖然僅有有鄰庵這棟古民宅可以租借，因而開始了有鄰庵的故事，沒想到日後卻因為它的好地點，讓有鄰庵寫下更精彩的故事。而今犬養先生自己分析起來也認為有沒有人潮經過或地理位置的選擇相當重要，尤其對於經營餐廳或是住宿設施更是如此。當地政府為保護美觀地區整體景觀，在建築法規上明令建物外觀不能太特立獨行，或是破壞整體景致，也因此許多江戶時代流傳下的民房得以保存下來。也正因為如此，雖說並非刻意找尋老屋，卻也自然而然地有許多現存古民家可加以活用現有資源加以改建，不過犬養先生表示，因為早期日本各地對於民宿、旅舍缺乏完善概念，因此即便創業者出身美觀地區，但因為卻乏經營旅宿的具體實績，所以耗費許多時間才說服建物主人和周遭居民讓經營團隊進駐古民家推展當時來說是相當新穎的「Guest House」共居旅宿。

有鄰庵多以保留既有架構為主，完善保留舊時倉敷生活氛圍，而入住旅人則能圍繞在九百年樹齡餐桌上一同分享旅途、生活，彼此交流互動，此般有如家庭的氛圍，在完整保留家居格局的古民家中顯得份外恰如其分。

設計特點因案而轉變 不變的是文化傳承

經過一傳十、十傳百，有鄰庵變成旅人落腳倉敷的最佳據點，而從一間百年歷史古民家開始的老屋創業故事，歷經第五個年頭後，已經廣受當地人支持

爬上天井小閣樓還有一個床位呢！雖然平時不常開放，但是人多時也有可能可以入住唷！可在其上享受一個人的小確幸。

起初開設有鄰庵時還會免費招待年輕畫家入住，讓他們實際感受倉敷之美，白日作畫、入夜後則是相互分享的時光開展。

與喜愛，現今事業規模也逐漸擴大成有由老屋翻新改造的獨棟租賃式的旅舍「barbizon」和今年4月才剛開幕的美觀堂（1樓販售文創商品和原創小物等），而今年9月美觀堂則將2樓打造為旅人住宿空間「暮らしの宿　てまり」，室內有民藝品的陳列，讓旅客可以同時近距離接觸當地的民藝品。

從設計面來看，有鄰庵是棟保存完整的古民家，有著百年歷史，外觀上幾乎就是保存著原有樣貌，內部也沒有多做修改，包括牆壁和天花板都是百年前既有呈現。但大家仍為營造符合建物的雅致氛圍，添加些許設計元素，例如利用放置樹齡900年的原木桌，歡迎各地旅人的造訪，又或是有書法家提供作品裝飾空間等。

在有鄰庵的經驗下，爾後開業的barbizon獨棟租賃式旅舍則成為讓團隊加以挑戰的新型物件，由於老屋保存不佳，團隊於是大膽地將內部進行大幅的修改，以符合和洋融合的空間概念，請有30年以上經驗專門負責整修的設計師加以進駐，讓住宿客可以同時體驗傳統的鋪床墊和式風格，或選擇躺在床墊上入眠的西洋風格。雖說整體內外觀看來極具時髦特質，但是透過提供住宿客人體驗「玉島不倒翁彩繪」、「素隱居面具製作」，進一步傳遞舊有倉敷傳統文化，讓新型設計加乘舊有文化達到最適切結合。

讓空間與人產生互動的流動感

空間的魅力不僅僅只是死板的建材、格局，若將主人和客人之間互動、傳遞的文化、生活之美加以導入的話，空間就會變成乘載人與人之間溫情具有溫度的載具。

圍在大桌前互相分享旅程中的喜怒哀樂，瞬間從世界各地前來的旅人之間，就像是已經認識許久的友人一般，暢快歡笑。

在 barbizon 裡可以預約許多體驗課程，也有可能剛好遇上特殊講座可以參加，回覆過往倉敷具有的藝文氣息。

結合在地性傳遞幸福感的商品價值

有鄰庵兼具旅宿與餐飲店鋪雙重業種，在空間利用上可說是達到最大效能，就連兩者在中心思想概念上都堅持著日本傳統的待客之道，友善、親切，有如到訪友人之家的隨性，讓其延伸灌注在研發產品面向上，希冀用當地生產的食材來招呼客人，更希冀在可能狀態下用保留歷史的風貌迎接世界各地的旅人來訪。

舉例來說，每到開業時間就有大量客人詢問的幸福布丁（しあわせプリン）可是有鄰庵咖啡店的招牌商品，訴求「吃完兩週後若回憶起在有鄰庵或是倉敷的回憶後，將有美好事物發生」成功打造話題，也在吸引客量後，讓其他具備相同可愛度的商品得以成功打入消費市場。像是員工一個個手繪的奶凍

坐在日式榻榻米上望著日式庭園，愜意而自在，讓入住有鄰庵的客人常常捨不得離開
這美景，只盼望能夠多有一點時間讓自己置身在這美好的古民家中。

（パンナコッタ），採用木村式自然栽培的岡山米製作而成的甘酒做成，絲毫不加半點糖，對身體相當健康。此外，主要鹹食人氣商品是雞蛋拌飯（たまごかけごはん）！全部的食材都採用岡山產物，包含岡山產朝日米、當地創業150年的醬油商製成之醬油，還有倉敷在地所產雞蛋，每一口都能吃到在地好滋味，而且還免費無限量加飯、加蛋，有種在地人之驕傲不怕你來挑戰的豪氣。

而今年甫開業的美觀堂則傳遞在地美好事物價值下所延伸的新興品牌，將民藝品販售和陳列民藝品的住宿空間加以結合，打造前所未見的新型態經營方式，不僅氛圍截然不同，還企圖能夠達成共同行銷地方工藝品，近而促使地區的良善循環發展。

不論是經營古民家延續傳統的信念，還是發揚在地文物特色的明確目標，都是犬養先生團隊得以永續經營有鄰庵等設施的最大信念。

1 讓顧客可以開心踏出店鋪的產品就是好產品，充滿話題性的幸福布丁，更是替店家帶來人潮。

2 每個表情圖樣都不一樣的奶凍，讓客人隨著自己心情任意挑選。

3 採用在地岡山產物製作的雞蛋拌飯，吃得到新鮮雞蛋的滑、濃、香。

老屋開業成功要訣

設計老屋致勝的 Point
1. 建物地理位置最重要
2. 現有資源有效利用最大化
3. 信賴專業設計師

老屋改裝不吃虧 Point
1. 確認管線、配備完整
2. 與屋主進行良善的溝通
3. 融合當地資源凸顯特色

開業費用
總花費：：大約只花了數十萬日幣
費用明細：傢具等設備大多是朋友送的，幾乎無需花到設計費用

給第一次創業的你 經驗談

① 事先了解開業位置是否具有人潮
② 信任專業、補強自身不足
③ 資金控管重要，不做過大幻想
④ 確認自身目標，不隨波逐流

店鋪資訊

開業時間	2013 年
地址	岡山縣倉敷市本町 2-15
電話	+881-86-426-1180
營業時間	旅宿 Check in 18:30-20:00 Check out 、咖啡店 11:00- 賣完
店鋪面積	約 80 平方公尺
員工數	約 30 人
屋齡	約 100 年
裝修耗時	大約 3 個月

CHAPTER 2

PREPARE
企劃的廣度決定一切

LESSON
02

一個有條理的開業企劃書

　　創業源頭都僅為一個想法，是毋庸置疑的！但是想法是否具備實踐性的通盤思考，而又會是否是市場所需求？就先嘗試用可以被陳述出的企劃書來檢視一番吧！

從一個想法到一份企劃書

　　想要開間店，人們常說需要兼具一點夢想與實際面，因為開一間店不是件簡單的事情，若是連起初都沒有做夢的能力，那剩下的就僅有被金錢追著跑的遊戲了！但是相信您也聽過很多例子，是許多人只是把理念掛在嘴邊，卻無法透過行動實踐，所以最好的方式就是：**試著把想法和理念轉換成條列式、具體並可執行的經營方針**，不僅可以提醒創業者起初的中心思想，更能幫助未來執行過程中隨時檢視、修正，也有助工作團隊、設計團隊瞭解並朝相同方向前行。

　　具體的企劃書除了初衷也包含了未來展望，包含這家店五年後、十年後會變成怎樣？最大的展望為何？當然計畫永遠趕不上變化，但是一位經營者就應當要有對於未來的豐富想像力。所以企劃書不是用來供奉的，反倒應該是在執行過程中不斷重新審視、調整，甚至有可能砍掉重練，一點都不需要意外，因為一再調整都是為了降低往後失敗的可能性。

企劃書讓你發現問題、企圖解決問題

依據雋永R不動產創辦人張家銘之說法，想要脫離上班族投身創業的人每日來信的疑惑有如雪片般飛來，但是問題多半不著邊際，很多基礎概念不齊全，以至於所謂建議、忠告根本無從施力，因此他建議希冀創業的人必須從千頭萬緒中整理出以下四種功課，而此四大類也同時是創業企劃書中不可或缺的部分。

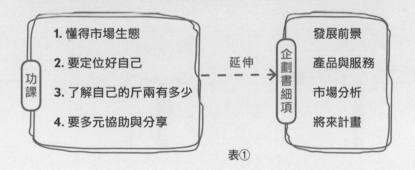

表①

首先，**第一點「懂得市場生態」是創業者準備進入市場前必須進行的地毯性搜尋功課**，合盛太平咖啡經營者律瑩表示，透過參觀各式各樣店鋪是最實際的Research，不僅從中可以發現到市場生態，同時，也能挖掘出同類型店鋪還有什麼可能性。而此部分所連結到的企劃書項目就是發展前景，讓創業者看見未來投身開業型態店鋪的普遍市場狀態以及利基點，若能清楚釐清，相對來說，開業店鋪應已具有雛形才是。

而一旦確認好開業方向後，就必須展開**第二點「要定位好自己」，試著提出方案，也就是創業細節，應當清楚描繪產品特色**，若說發展前景有如一間蓋好的毛胚屋，而產品與服務就是豐富其中元素的傢具傢飾，能展現出店鋪態度的精神所在。律瑩表示，若要評估產品與服務該如何著手，她建議最基本面是須從了解自身特質開始規劃，此來才能設計出自身能夠負擔的開業細節，舉例來說，大眾或許對於開咖啡廳充滿夢幻想像，但是卻忽略了自身缺乏足夠咖啡知識，如此一來，即便開業也無法長久。想進一步了解自身企劃書以及商品是否具有市場競爭與運作可行性，可參考 P.104 附錄 2「創業九宮格」。

　　緊接著進入**第三點「了解自己的斤兩有多少」？簡單來說，就是自己能有多少資源能夠加以利用。**其中包含最現實的資金問題、人才尋覓、產品熟悉度、市場上不可取代性。簡而言之，也就是將自身原有對於創業的夢想轉成更加現實層面的考量。

表② 市場分析圖表

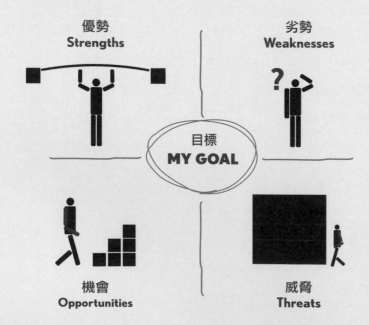

當然並非在任何一個層面出現否定性後，創業之夢就此打斷，而是遇到死路了該要如何找到出路。例如，律瑩從其自身經驗分享，若要投身經營可容納 40 個座位的咖啡廳來說，開業資本最好可先備有 300 ～ 500 萬，但若資金不足就要尋找金援，不論是找人投資、尋求貸款方案。而清楚將此概念放進企劃書的關鍵就是「市場分析」，透過優勢分析、劣勢分析、機會分析以及威脅分析（可參考表②）可讓欲創業者更快速地發現不足與截長補短。

最後，**第四點要強調的是「多元協助與分享」，有了多元聆聽也有可能增加企劃書中將來計畫的多變性**。透過多參加社團、聆聽他人的想法，都是有助於找到創業未來性的好方法。畢竟俗話說的好「三個臭皮匠勝過一個豬哥亮」，大家給予的無限想像都有可能是未來可以發展的面向。

總之，企劃書的統整是為了在經營前，事行「看見問題，並且解決問題」。

TIPS

企劃書就是創業藍圖，
不在於一定要按部就班執行，
而是在面對失敗與變化時，
可用來比對與修正的方法。

企劃書必備 6C

Concept（概念）
讓人知道你要賣什麼。

Capabilities（能力）
如何化危機為轉機的人格特質。

Customers（顧客）
以主要顧客群抓出產品及服務特色。

Capital（資本）
現金流與金源流向。

Competitors（競爭者）
了解市場同質商品的區隔性。

Continuation（持續經營）
產品未來性與願景。

表③

檢視你的企劃書是否完善

　　想要撰寫開業計劃書，統整律瑩的説法可以集結成 6C 規範（可參考表③）來説明，首先是 **Concept（概念）**。就是讓別人知道你要賣的是什麼。可從前文提到的發展前景進一步統整而成。接著就是 **Customers（顧客）**，可以確認出主要顧客範圍，並依據上述提到的產品與服務內容，衍伸出所需販售產品特質、店鋪位置、裝潢、產品定價等等細節。

　　而當有了自身取決市場性歸納出的商品特質後，進一步企劃書中就會出現所謂的反派角色，試著從 **Competitors（競爭者）**和 **Capabilities（能力）**兩個面向來探討，從所預計提供的產品細節中歸納、統整產品是否曾經出現在市場嗎？是否有替代品？競爭者跟你的關係是直接還是間接的挑戰，而再反觀自身是否具備解決這些問題的能力，不論是自身具備或者是能求助相關人員加以改善，舉例來説，即便市場上有同性質產品，但是自身專業度能夠創造差異性，就是有解決之道。

　　譬如説開餐館，又或者以在宜蘭開設理髮廳的 JK 所需面臨的市場競爭，即是過往普遍存在的髮廊，但是此挑戰可以充分地以其著重男仕品味提升的產品定調而加以轉為自身利基點。

而現實面的 **Capital**（**資本**）問題則是前述了解白己的斤兩有多少的轉化。資本所指可能有形或無形資產，要很清楚資本在哪裡、有多少，自有的部分有多少，可以借貸的有多少。而最後是 **Continuation**（**持續經營**）更是不可或缺的一部分，因為企劃書就是你的創業藍圖，所謂創業藍圖功能不在於一定要按部就班執行，而是在面對變化與失敗的時候，可以用米比對與修正方法，因此企劃書要盡可能地詳細。內容包括開店資金評估、經營理念、座落地點區域、人事成本、營運評估等等，必須有了這些層面後，才能開始實際的開業動作。

藉由企劃書正視實際執行面問題

企劃書中包含的市場觀察與理解、顧客的喜好評估等等資訊全都需要依據經營者平日的資料搜尋，譬如逛書店、餐館、大賣場、看展覽、跑市集，大量的資料與數據，對商品的價格、流行趨勢有一定的觀察下才能判定。雖然艱辛卻分外有趣及具有成就感。

另外，創業一定有資金壓力，但通常很少創業者本身可以精通理財項目，面對產品開發、店鋪管理、申報稅務等，種種瑣事更是令人難以招架。如果自身不擅於理財，建議創業企劃書的損益平衡表上，一開始就設定聘請會計或記帳士的人事支出，專門項目委由專人負責處理，如此一來才有健康創業環境與永續發展的可能性。

LESSON

03

老屋類型百百種，怎麼找到你要的！

　　老屋再造與活化的力量，在全球各地不斷崛起，「老屋創新再生潮」也在台灣吹起十來年炫風潮，然而究竟何謂老屋再造，應當可從從建築角度一探老屋究竟。

原來老屋樣貌千變幻化

　　回到源頭，重新了解老屋的形成原因與建築樣態，再來展開復舊、重塑，舊物件才能得到新生命，新舊延續也才會更具意義。

　　范特喜微創文化總經理鍾俊彥表示，老屋依據建材種類、施工法或歷史價值等，可劃分的種類眾多，若以居住角度來說，從早期的木造建築、加強磚造、紅磚結構，再延續到鋼筋混凝土與鋼結構，越到後期技術越純熟，建築形式也更趨複雜，雖然每每提及老屋眾人心中揚起的記憶彷彿都是乘載著日據時代風情的日式老房，然而目前台灣境內留存最多的建築，應多為 100 年以內的木造、加強磚造，與早期的鋼筋混凝土老屋（其建築結構特色，請參考表④）。

　　以老屋樣式的演進過程而言，從台灣早期的閩南式建築開始，可看到三合院或是帶有瓦片、斜屋頂、飛簷等設計，這與當時的環境或屋主身分地位有關係；台灣不同地區的房子

攝影＿Amily

老房不僅僅只有你我熟知的日式老房，坊間常見至今尚有許多被保留下的老房子包括了 100 年以內的木造、加強磚造，與早期的鋼筋混凝土老屋。

攝影 _Eddie

◀百年內木造房。日治時期的有錢日本人因為受到明治時期的歐化影響，多會住在和洋式住宅中，建築樣式多半結合歐風，故也與歐風傢俱極為搭調。像是圖中的米洛克老房子，就用斜坡式屋頂加上雨淋板呈現兩者混搭風。

攝影 _王士豪

◀加強磚造房。國民政府來台後大量興建的加強磚造屋舍可在現今殘留的眷村住宅窺探一二。

攝影 _余佩樺

◀鋼筋混泥土老屋。以磁磚和石材妝點外牆，更有現今老屋代表的鐵花窗。

需依循地理環境或天候條件去作區域式調整，但大體而言仍以閩南式建築為主。演進到日治時期，可見到日本風格房子，直到國民政府來台後，興建的屋舍多為加強磚造，在眷村可以看到大量此種類型的房子，被稱為職務宿舍，形式較為規格化，多提撥給工作人員使用，主管房約 25 坪、一般員工約 15 坪，且大部分會群聚在一起，小規模約 10 幾棟宿舍形成街廓，較大型的則群聚成為村落，像是中興新村、光復新村等，於這些老房子內發展出的故事也最為豐富。

老屋既有文化背景概要

在台常見的日式單層木造屋舍多半都是官舍住宅，主要為供給其來台工作期間可以使用，但是不同於日本傳統建築的樸實，在台灣所見官舍多相當氣派，有極大腹地、假山假水與庭園，充滿自然生活情趣。而建材多以木頭為主是取自日本全國森林佔土地面積百分之六十，而到了台灣後也看中本地大量的木材，於是加以仿效日本建築形式。

百年內木造房

而多數日治時期較有錢的日本人則是會居住在自行建設的獨棟獨院，像是台北賓館等當時知名的和洋混合建築，而此風潮也連動到台灣的上流社會，早上他們在洋館裡穿西裝打領帶接待客人、辦公，入夜後又回到沒有傢具、席地而坐的生活。建築樣式源自歐洲北部地區，英、法、德最為盛行，但是保留下來的和洋老家屋十分少見，若想要見其體現，可參訪北投的溫泉博物館。

攝影 _Amily

▼台灣的日式住宅大多以整區開發方式建造，像是圖中的
齊東詩舍即是日治時期內的宿舍。

加強磚造房

　　一般傳統老百姓的住居遺留至今的則屬城市裡的街屋了！1911 年的一場大水災將過往木造土角厝銷毀殆盡，日本人趁機進行全面性的街區改造，以巴洛克都市計畫的概念進行興建，多採 2、3 層樓設計，底層設騎樓，而立面處理是其重點精華所在，柱式也採用文藝復興樣式，配上巨大繁複的山頭，十分華麗。除此大類外，街屋還可分成以少見的閩南式街屋、有女兒牆的洋樓式街屋以及回歸簡單現代主義、加入 Art Deco 風格的現代主義街屋。

攝影 _Amily

◀一般傳統百姓居住的街屋則在現今許多老街依舊可見，像是三峽老街，長約 260 公尺，可是台灣第一長老街，其華麗的女兒牆、西式雕刻都是當時最特別的裝飾。

尊重老屋文化　演繹改造魅力

	100 年以內的木造房	加強磚造房	鋼筋混凝土老屋
時期	約自 1895 年起	國民政府來台後	約二戰後自 1945 年起
類型	官舍住宅、移民住宅	兼具商店與住宅	集合式住宅
建築結構	1. 斜式屋頂並鋪設黑瓦，防水性好又具隔熱 2. 設置雨淋板抗熱、防雨 3. 基地抬高防止地面潮濕	1. 屋深長、面寬窄 2. 磨石子突顯家中獨特裝飾 3. 六角、八角復古磚的運用	1. 磁磚、石材妝點外牆 2. 鐵窗窗花修飾門窗 3. 繽紛多變的馬賽克磚
代表	1. 青田七六 2. 台中文學館	1. 大稻埕紅磚半圓拱砌築立面 2. 中興新村等眷村	台北南機場公寓 2. 台東市鐵花路一帶公寓

圖表整理：漂亮家居編輯部

100 年以內的木造房

加強磚造房

鋼筋混凝土老屋

插畫 _ 黃雅方

表④

攝影 _ 余佩樺

◀因為人口增加，房子都變成是一層樓的形式，影響了現代人幾房幾廳、有陽台的一層化空間概念。

鋼筋混凝土老房

　　而後隨著台灣經濟起飛，人口急遽成長，本來的住宅開始不敷使用，於是房子開始往上長高，並一味地追求現代化。像是以歐美最新工法建成的南機場公寓可是當時台北人心中的高級住宅，擁有知名的迴旋式樓梯、室內還有沖水馬桶呢！建築外觀來說為追求簡單俐落改以磁磚、石材輔以拼花加強造型變化，而先前老屋欣力即被推崇的鐵花窗工藝也於此時從洋建築傳入台灣，將黑鐵透過焊接、彎折等工法，變化出不同品味的樣式。室內磚材也變化多端，不論是花磚、馬賽克磚等等都有多樣變化，也刻劃出五〇年代的歷史記憶。

取得老屋經營所有權所需

　　確認老屋歷史背景後，針對偏好、商品特色希冀取得合適老屋經營權，過程可能比要買一般房子來要棘手一點，不論是公有還是私人屋舍，都需要透過多方管道著手才能成功取得，而鍾俊彥則透過多年經手老屋經驗加以分享說，政府的老屋主要由國有財產局管理，有文資身分的建築則由地方文化局負責，部分地方區公所也曾有閒置老屋，會於政府網站公布資訊，但有招標過程，申請上較為麻煩。彰化銀行、華南銀行等因早期接收老房子，因此也會對外出租老屋，可以至銀行的官網查詢，這一類的程序較簡單，可以直接洽談，銀行不會隨便將房屋收回，租約也比較穩定；另外還有一部分老屋屬於個人所有，可從網路或左鄰右舍獲得相關訊息。

　　此外，范特喜微創文化雖然也會將老屋裝修後再對外出租，但由於出租率約在9成，創業者常會發現沒有老屋可租或是剩下的空間不符需求，因此范特喜也會提供手邊擁有的老屋訊息，讓創業者自行接洽。更有創業者會提出各式方案，因此范特喜也會根據不同需求進行討論或合作。

TIPS

從老屋的建築、文化歷史背景著手，
發現符合店鋪中心思想中
可被發揮的既有特色。

攝影_蔡宗昇

攝影_張景威

攝影_Eddie

◀▲運用於回教建築的磁磚，也廣於流行
在歐洲各地，明治維新時被日本人所運
用，除了裝飾建築外觀外，也用於室內地
板，像是常見復古紅色磚、花磚、馬賽克
磚，可說是六〇年代人們的居住記憶。

　　除了委託相關單位之外，現今也有許多政府單位提供相關青年創業所需平
台，不論是像修繕審計新村、光復新村等案例，也於網站上搜集許多創業場
地租賃資訊，例如審計新村官網（http://www.tcdream.taichung.gov.tw/）之中的創
業資源內即有創業場地租賃訊息，也是不錯的參考訊息。而宜蘭的父刻 男仕
理髮廳老闆 JK 則鼓勵年輕人，凡事都不要放棄，「堅持就會找到屬於自己的
夢」。像他創業空間是間擁有近 80 年歷史的閩南式老建築，當初居然是在
他閒暇無事時，閒晃宜蘭人少用的 591 租屋網尋覓而得，簡直就像是中樂透
一般歡喜，或許就是吸引力法則吧！當你了解老屋後，擁有完善的企劃下，
合適的老屋一定會出現。

▼想要找到合適老房的管道繁雜，除了有銀行招標，也可以看看民間單位修繕完成後的老屋，一方面產權清楚、二方面也較有人可以諮詢。

攝影_Amily

LESSON
04

如何掌握在這間老屋裡賣什麼？

在確定老屋空間前，可能有許多對於商品的想像、店鋪的未來願景，不過，當物件實際確認後，請再重新審視一遍合適性，或許這間店會創造出更多火花。

范特喜微創文化總經理鍾俊彥認為，老屋就是一種空間，理論上什麼產品都能賣，但仍必須考慮建築法規的規範，以目前范特喜微創文化管理的老屋中，包含餐廳、飲料店、理髮Salon、Spa、工藝品、書店、木雕、雨傘店等等，種類涵蓋食衣住行育樂，「重要的是產品進到這個空間後能否說故事？1+1是否大於 2？」

產品要讓空間說故事

鍾俊彥舉雨傘品牌為例，該品牌從社區角度陳述產品概念，因此適合於老屋內展示雨傘與販售，若創業者沒有說故事的能力，或是老屋在品牌、公司識別裡沒有加分效果，那麼為何一定要在老屋內賣商品呢？有創業者希望利用老屋開咖啡廳，呈現舊時場景，因為他從小到大沒經歷過這種氛圍，覺得新鮮也希望分享給朋友感受空間的溫度，當創業者本身有清楚的脈絡想法，老屋空間就能 1+1>2。

再以父刻 男士理髮廳為例，JK 當初為了復

▼老店內什麼都可以賣，端看創業者是否找出產品與老屋的故事張力。

攝影＿管延海

▶青年自創品牌者在創業初期不應
當大量製作商品，應當是透過樣品
測試市場接受度。

▼選擇卜和自己小時生活記憶相符
的老屋創業，可創造出品牌的生活
溫度。

攝影＿王士豪

攝影＿菅延海

興父子三代理髮記憶而返鄉創業，而一切理念乘載於一棟和自己小時老家建築結構、歷史年代皆相仿的閩南式老宅中，不僅可以讓顧客透過空間感染到他想要敍述的回憶，也讓跨越三代的理髮工具全集結在這有他們三代理髮師的記憶空間。

TIPS

找出最迎合該老屋的經營型態，
而後在創業前、中、後期可可仔細審視商品調性，
是段反覆思維取出精華的好方式。

自創品牌如何找到自身亮點？

若非在單一店鋪內創業展店，還面臨了眾家商品環繞的危機，如何能在其中出線，商品定調也很重要！尤其對於自創品牌來說，更是如此。像是共同創立「布菈瑟 Blossom」的林杰妤與徐翌榕則表示，產品在設計之初，必須針對創意基礎進行深入研究，隱藏在其中的歷史、文化、工法等細節，都將成為品牌的故事，而這也是品牌找出區隔性以及設計能量的來源。

特別要留意的是，自創者面對的不僅是商品進貨、定調問題，由於消費者能夠理解的語言畢竟與製作者不同，為了避免落入一廂情願，在初期營運尚且沒有把握的情況下，建議產品不要一口氣開發，可先藉由樣品來測試市場反應，進行更加細部的修正與調整，以免寶貴的資金被浪費。

迎合現下潮流的非首創者差異化思維

當然，選擇老屋創業的經營著不見得都是首次創業者，像是接手祖傳茶行

舊時生活記憶的鐵花窗，透過文創巧手變成點綴生活空間的配件，有餐具也有文具，讓產品本身即與老屋韻味相容。

攝影＿王上豪

的「有記名茶」第五代傳人王聖鈞所面對的商品定調，除了說故事的張力之外，更應當凸顯的是在 21 世紀時下如何讓年輕人重新看見「老品牌」的可見度。故有記名茶採取的策略是以傳統老屋店鋪展現品牌對於茶知識的專業以及對於傳統文化的堅持，而適度的翻新修繕，則是讓年輕人對老茶有新意象的可能性。

王聖鈞以「文創」與「生活陪伴」兩大概念迎合現下潮流，首先是將店裡的四款主力茶葉，分別命名為琴韻（文山包種）、棋心（奇種烏龍）、書痕（鐵觀音）與畫影（高山烏龍），更巧妙地運用琴棋書畫，讓茶葉晉升為文創商品。而副品牌「飲 Joy」則是針對現代人的生活型態，讓人輕易地在忙碌工作中還能簡單沖泡出有品味的好茶概念，讓年輕人更接近茶，改掉喝罐裝茶的習慣。在包裝上，大部份茶葉仍保留了傳統紅色茶罐禮盒，也陸續推出頗具時尚感、純白質感與復古設計，以吸引送禮客群青睞。

▶▼有記名茶第五代傳人王聖鈞一方面保留製茶的傳統文化精神，另一方面又在茶品包裝下下功夫，讓老品牌也有新氣象。

攝影 _ 邱如仁

攝影 _ 邱如仁

反觀推出系統化品牌思維的「小和農村」，在新創的小和山谷品牌中除了延續小和農村中廣受好評的健康、無負擔料理思維外，更加希冀善用社區環境中老房與當地文化、人文結合的特點，提倡品牌希望推動的反向思維可能性—「開店不一定都要朝都市前進，鄉村的故事與發展更有魅力」，用鄉村的恬淡、悠閒生活步調，吸引外來客的嚮往，也進一步提升在地工作機會。

懂得如何檢視商品合適性？

概念清楚後，又該如何落實呢？其實創業最困難環節就是須先在企劃階段懂得「去蕪存菁」，掌握好中心概念後，才能將所有環節有如同心圓般，繞著其發展，最後在開店時達到最大化。鍾俊彥建議欲開店者可以從「費用」、「商品強度」、「情境營造」三大面向來評估審視，但是這絕非是一個凡事通用的通則，而是如同健檢一般的審視表，透過如此評估，可以讓創業者更加了解自身是否已經確切評估過商品的可行性。

首先切入的是預算面，由於老屋修繕是一筆不小的數目，如修繕費 100 萬元、租約 5 年，平均每月需攤提 1 萬 6 千～1 萬 7 千元，再加上店員薪水、租金、商品成本等，可以估算出基本的營業費用，你選的業種或商品能否負擔固定開銷就很重要。接著就須視商品強度了！現今由於網紅風氣盛行，許多產品、老屋空間也許只要吸引人潮前往，即便位於偏遠地段也不是問題，因此產品能夠創造話題，抑或它本身即擁有很多元消費族群（如時下流行的選物店）其實已經成功一大半了。

最後，既然已經選擇老屋創業，就應當利用其效值最大化，並善用其容易表現出個性、塑造情境能力比一般店面強的特性，喚起人的記憶，讓消費者

有認同感。像是有些人會在老宅內販賣最現代化的東西，創造極大反差；另一種則是呈現懷舊情境，皆非無可能，只是如何在合適老屋中做適度發揮，就是考驗選擇老屋和商品間得以相輔相成的重要性。舉例來說，仿效歐法建築樣式的巴洛克式街屋就能乘載現代化商品調性，而公寓型家屋則合宜偏向五〇年代的懷舊氛圍。

誠如力口設計工作室利培安在訪談中提及：「千萬不要說，想賣咖啡、想做民宿，感覺這裡什麼都能賣！」因為那就代表了自我確認度不夠準確，不僅空間設計風格重點也許因此舉棋不定，也無法抓到店鋪的中心概念，只會變出一個四不像的老屋空間。

攝影＿曾家鳳

商品定調 CHECK 表

☐ **1. 收支平衡**
以地段、商品價位設定和所需成本來取決商品合適性。

☐ **2. 商品強度**
喜好族群廣度、創造話題性可能性都會影響商品能否銷售。

☐ **3. 品牌走向**
即便是單一店鋪也要了解想和顧客溝通的面向為何，複合型
商店就比專賣型店鋪商品來得多元才是。

☐ **4. 營業時間**
營業至晚間的店鋪可能會有酒類或紓壓等商品，但或許就不
合適只在午前營業店家。

☐ **5. 目標客層**
產品特質與目標客層是否符合。

☐ **6. 老屋特性**
老屋改裝風格也左右商品調性取捨，在 Deco 風格老屋中賣懷
舊便當就顯得不搭調。

表⑤

外國產業的智慧轉化　　　　　　　　　　　　　　　　　　　　COLUMN 01

老屋牽動地方經濟再生 —— 中村功芳

　　20 世紀是個追求經濟、物質滿足的世紀，但是這也意味著大家已經漸漸遺忘了何謂「富足」。雖然進入 21 世紀後，渴望追求心靈富足的人們變多，但是實際跨出行動的人卻不多，在我們的角度看來，這是因為人們已經忘卻如何實現真實的富足。

　　我們為了能夠建構出 21 世紀型態的「心靈富足生活型態」模組，從 2010 年開始展開行動，並且在 2014 年開始設置 NPO 團體，以能提升地域活力、地域資訊的活動向大家宣導地域特色。

淺談活用古民家促進地區發展

　　若要來談活用古民家（ * 註 1），就必須提到我們從 2010 年開始以倉敷為基地展開的古民家再生活動。從 2010 ～ 2013 年之間，在倉敷成立的老屋民宿中透過老屋魅力發酵一共聚齊分別來自 52 個國家、12 萬人次旅客，雖然提升在地觀光客來數，也創造、改變了當地的生活型態，讓過往本來是有 20 戶住宅的地區，已經有了 3 間住宅回至此地。

　　然而，單方面說，增加觀光客來數就是地區再造成功因素的話，其實並非完全正確，因為往後在地區中經營的人們還是只看

圖片提供 _ 中村功芳

圖片提供 _ 中村功芳

重商機、流行性的商人。為了不要老屋再造復興流於過度商業性，以我們的角度立場，也希望台灣人看待老屋新生能夠堅持「延續地方未來生活價值」，營造出幸福的生活型態。

Earth Cube Japan（＊註 2）抱持著這樣的想法，現今對於全日本想要活用古民家建立幸福生活、創立 Guest House 的人們給予經驗支援，在日本全國各地區舉辦「地域と生きるゲストハウス開業合宿」（與地域共生的 Guest House 開業講座）、「地域でなりわいをつくる合宿」（建立地域性幸福生活型態講座），至今成功開業的創業者已經達到 100 人以上，已經可以在日本全國各地看見成功活用古民家展店的案例，也還在持續增加中。

古民家帶動之在地生活之旅

再者，活用古民家一事，可以讓人實際感受到該土地僅有的生活感，也能輔助推動「在地生活之旅」概念。

因此，若是要定調何謂成功活用古民家，應當就是人們可以坐在餐桌旁和在地人一同分享在地的各式話題。真希望未來也有來自台灣的人和我們一起分享這些日本各地地域故事呢！如此一來，大家都可以為理想目標一同前進，創造出更多活用古民家、聯繫地方人們的住宿空間。

一般在日本所指的「地域まるごと宿」（地域性民宿），基本上可說就是活用古民家的指標性案例！為什麼這麼說呢？因為透過使用已

經廢置、無人居住的房屋，讓該土地的價值往上提升，當然不僅僅是土地售價，還有是那片土地的價值性。

而之所以活用舊有房子跟新建大樓不同之處，就在於新建大樓會破壞該城鎮的文化，雖然可能一時之間提高觀光客來客數，但是城鎮的魅力隨之下降，該大樓也可能在不同的城市被複製，但是若是想法一轉，改以當地本有的老屋做改建，將可以連同空間一同承襲此地區的文化背景。

我們現在想做的：

「不僅是讓人變成觀光客，而是一同來到有著細心製作料理的場所，大家就像是一家人般，讓人在日本各地都有一處自己的老家。」

首先將函館塑造為日本地域性民宿範例，接下來將在廣島、長野、歧阜等地發揚光大。因此，若是您對於日本感到興趣前來旅行時，可至廣島的「ゲストハウス」(Guest House 緣) 看看吧。相信一定可以遇見許多美好的事物。

古民家，傳遞著該土地僅有的生活型態、殘留著當地的魅力，而在此老屋中保留著古人在生活中美好的知識，即便有所不便卻能滿足心靈。雖説在 20 世紀的日本，大家將獲得錢財事物即視為成功，但是 21 世紀的日本注重的則是可滿足心靈的生活，而為了達成此目標，Earth Cube Japan 認知到以古民家為據點的重要性。為了滿足此目標正推動著「和地域一同生活的 Guest House」講座、「創建幸福區域生活」講座等課程，至今已有超過 200 人習業成功，希望未來能帶給更多人在日本各地都能感受到如同回家一般的古民家住宿經驗。也希望未來可以有機會在台灣也能進入守護老屋的行列之中，結識更多想要守護傳統的好朋友們。

註 1：古民家，日本人口中所稱之老屋。就字面上意義來説，就是古老之前住民所生活的住居。

註 2：Earth Cube Japan 是個向世界宣傳地域魅力、為了追求真實心靈富足而成立的 NPO 團體。2014 年成立至今已在各個不同地區以推展「Guest House」、「互動型咖啡」、「聲援藝術家」和「引入海外年輕人事業」等事業。HP：http://earthcube.jp

中村功芳

經歷

・NPO 法人 Earth Cube Japan 代表理事
・推動「地域と生きるゲストハウス開業合宿」（與地域共生的 Guest House 開業講座）、「地域でなりわいをつくる合宿」（建立地域性幸福生活型態講座）
・2015 年 Tourism EXPO Japan 觀光廳長表彰

如何確立店鋪核心概念

根據 NPO 法人 Earth Cube Japan 代表理事中村功芳自 2014 年協助日本各地人材育成事業經驗表示，「創業」不難，一個人、一張桌子就可以創業；但「創業」也真的很難，難在如何成功、如何永續經營……全端乎一開始的「核心價值設定」。當我們在看日本住宿網站時，不難發現常常出現「コンセプト」(Concept) 一詞，其實這就是最基礎價值。當你想要開店時，請依據以下四個問題釐清店鋪核心概念。可參考以下模式不斷自我詢問，透過不斷的檢視才能檢驗出最貼近自我的店鋪樣貌，同時也一併審視其實行可能性。最後再引用市場行銷的重點 Persona 設定，讓你輕鬆搞定店鋪設計概念。

以下用想開一間「可感受多彩生活的旅宿」為例。

確立中心思想

Q. 我為什麼想要開旅宿？
透過思考初衷審視中心思想是否相符

Q. 我想要獲利多少？
拉回現實層面，以免過於理想值

質疑

再視

中心思想
可感受多彩生活的旅宿

延伸

定位

Q. 我想要怎麼賣產品？
藉此了解自己的專長與能力是否能夠勝任

Q. 我想要什麼客人來？
選擇適當的開店位置、室內裝潢、餐點定價，並採取相應的服務模式

Goal
辨別初衷
找出市場區隔

設定店鋪的 Persona

其實要設定 Persona（可設想成最匹配客人）的項目有很多，建議可以從會影響選用服務和商品購入與否的關鍵因素

	必做項目
1.	年齡、性別、住處
2.	官舍住宅、移民住宅
3.	生活型態（起床時間、通勤時間、上班時數、入睡時間、外食或喜歡自己煮飯）
4.	最高學歷
5.	價值觀、思考模式
6.	現在想要挑戰的事物
7.	有無男女朋友、家人構成
8.	人際關係如何
9.	收入、儲蓄狀態
10.	興趣
11.	使用網路情形、使用多久

可感受多彩生活的旅宿的 Persona（簡易版）

江芯謙

- ·35 歲、女性、已婚
- · 年收 120 萬
- · 文學系畢業
- · 從事與地方工作營造相關出版工作
- · 喜歡旅行和拍照
- · 對於手作、在地文化充滿興趣
- · 喜好下廚
- · 對於居家裝飾很有想法
- · 個性開朗
- · 好奇心旺盛
- · 常看社群網站
- · 懂得適度存錢

旅行次數多卻偏好人文味，價錢不是考量重點，而是希望可以在旅行過程中創造一段美好回憶，把當地的文化特色帶回。

一張表了解商機：
創業九宮格

自從《獲利世代》（Business Model Generation）這本書問世以來，已經被全世界各國翻譯成 30 種以上語言，更是被世界各地的新創公司設定為聖經，就連學校也會將其作為教學用書，而其中提出的商業模式圖，只要看完一張圖，就遠勝過看完一本厚厚的企劃書。簡單來說，商業模式就是一個如何創造、傳遞及獲取價值的手段與方法，不僅相當合適用來作為分析個案的教學工具，也是首度創業者加以審視自我創業內容與價值之評量表。

首先，這張表格相當簡單，就像是小學生整理出來的圖表而已（參考表格「創業九宮格雛形」）。但是重點是要如何填滿其中內容，那就來了解一下九宮格要填什麼，大家可以按照 1～9 的順序下去思考，此順序將定義與思考的問題方向整理出來，有助於進行商模思考與檢查構思是否正確：

1 ·**目標客層**：企業或組織所要服務的一個或數個客群。

2 ·**價值主張**：以種種價值主張，解決顧客的問題，滿足顧客的需要。

3 ·**通路**：價值主張透過溝通、配送及銷售通路，傳遞給顧客。

4 ·**顧客關係**：跟每個目標客層都要建立並維繫不同的顧客關係。

5 ·**收益流**：成功地將價值主張提供給客戶後，就會取得收益流。

6 ·**關鍵資源**：想要提供及傳遞前述的各項元素，所需要的資產就是關鍵資源。

7 ·**關鍵活動**：運用關鍵資源所要執行的一些活動，就是關鍵活動。

8 ·**關鍵合作夥伴**：有些活動要借重外部資源，而有些資源是由組織外取得。

9 ·**Cost Structure 成本結構**：各個商業模式的元素都會形塑你的成本結構。

若是覺得文字意義難以理解，或許可以透過表格「創業九宮思考設定」的定義，了解此表格之所以被設定出來的相互關係。這樣一個快速又簡單可以完成的表格，或許還是需要搭配其他表格才能進行深入分析，不過創業者先是利用此九宮格訂立方針，不失為一個可以幫助自己思考釐清概念與困難點的好方法。

創業九宮格雛形

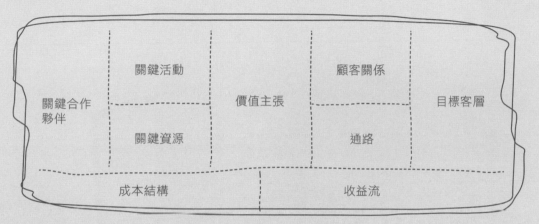

創業九宮格思考設定

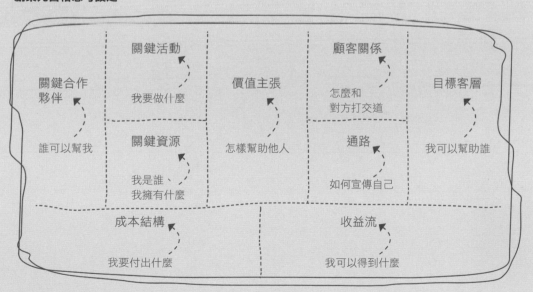

CHAPTER 3

DESIGN
裝設巧思著重手法
空間的硬設計

LESSON
05

老屋這樣設計 1：
業種型態

　　老屋不同於新成屋，本身即具有與空間、歲月互動下的時代故事，因此採用老屋空間開業著重的不是過度創造，而是該如何順勢而為，並引發出其適當生活與設計感，恰當的店鋪核心即相當重要。你可以發現老屋空間中不論是仿舊、改新裝潢都不脫離某些舊有元素，潮流新設計結合復古老物的美學設計儼然已是當代老屋空間設計的原點。

　　首先，要來談老屋空間設計，或許從業種型態切入是個比較容易說明的方向，為什麼這樣說呢？因為近年來老屋接受度愈來愈高，開始有各式各樣業種投身老屋新生創業範疇，因此，新手老屋空間創業者不妨可從過來人的設計概念風潮切入，了解不同業種該著重的設計面向。

老屋風潮興起的型態走向

　　現下遊歷台灣各區都可輕鬆見到以老屋為切入的商業空間，但仔細試著回溯過往，「老屋」兩個字並非一個久存於你我生活中的名詞；2008 年，當台南市古都保存再生文教基金會發起「老屋欣力」活動，揭櫫「活化歷史老屋，分享美好生活」，鼓吹民眾親近體驗認同，並且營造老屋的多元價值下，它開

攝影_管延海

▲走在宜蘭地區老屋創業先鋒的合盛太平，是強調以空間結合美學帶出舊有時光韻味的特色老屋創業型態。

始大量出現在報章雜誌、閱讀媒體之中，掀起一波波老屋熱潮，而這波老屋熱浪就以台南為起點展開全台大蔓延，賦予舊建築新生命，也創造了城市新亮點。

走過近十年光景，老屋空間已大致上可以彙整成從七個商業型態切入，例如餐飲店、文創商店、旅宿等。通常餐飲店中又以咖啡廳、復古主題餐飲空間為多數；咖啡廳著重讓客人能在老空間中好好沈澱的幽靜氛圍，因此整體營造融合燈光、音樂、傢飾特色極為重要，復古主題餐飲則多半銷售產品也與過往記憶餐食有所連結，因此結合五感（視覺、聽覺、嗅覺、味覺、觸覺）空間設計讓人產生時空倒流則是一人特色。

文創商店則多是青年者創業所選擇的展現方式，注重空間氛圍營造，在審計新村摘星計畫擔任創業管理師的郭美娟則表示，老屋本身舊有故事力結合青年文創商品具有相輔相成的連動力，有助於帶動新創品牌特色。隨著老屋被接受度提高，從日式住宅到過往公寓型態空間都變成旅宿展現生活型態的絕佳模型，加上愈來愈多年輕族群加入老屋創業行列，未來老屋的業種型態將會有更多可能性。以下就針對七大商業型態之老屋空間設計構想加以說明：

日系商品飲食店

日系商品店家尤其注重遵循日系風格的原汁原味，空間特色重在日本住宅中緣側、主廳等空間營造。近來多數日系餐飲店家進駐台灣，也有許多喜好日本文化的創業者將日本品茶、飲食文化帶進市場，展現多元發展。而在府城耕耘多年的茶室「衛屋」則是透過改造房子，保留了台南火車站附近僅有的日式宿舍，以自身行動影響在地環境風貌，成為老屋典範，也讓店裡有著絡繹不絕的生意，而如同此般店家也不在少數。

咖啡廳

懷舊古風及歲月痕跡在充滿時代感的舊矮房、鐵花窗、紅磚瓦片中飄散，老屋咖啡廳重於氛圍營造，特色可能是各個店家著重的故事情調、咖啡技巧、選豆品質，擁有不少喜好老屋的忠實顧客之餘，也有因為愛上那一個滋味而上癮的人客。

除了個人經營咖啡店之外，連鎖咖啡始祖「星巴克」也進入老屋維護改造行列。用大品牌的經營概念，在重視老房維繫的日本神戶、台灣大稻埕都有分店改變了各地老屋的命運，讓原來棄之如敝屣的老屋，逐漸有了新的呈現面貌。

▼▶連鎖咖啡界的龍頭星巴克雖品牌經營重點在於整體建構，但近年來也積極找尋各國家的老屋塑造在地連結。

攝影＿曾家鳳

攝影＿曾家鳳

▲▲用老屋新生的概念成功帶起台中巷弄經濟學，田樂漢堡讓人看見的不一樣經營可能性。

圖片提供 _for Farm Burger　田楽攝影 _Mei

連鎖店

連鎖餐飲業的重點在於品牌的整體建構、系統與流程的建立，通常必須更加確認並簡化品牌中心價值，才能從品牌設計、產品設定，甚至一路到室內設計都整合完善。

就空間設計概念來看，有企圖心建立連鎖品牌的 Eason 三年前創立小和農村，今年更跨足餐飲市場成立小和山谷，他表示，設計的最根基功課就是抓出品牌共通點，才能針對已有消費者對話，在此基礎上拉近更多認同自身品牌價值的客人。像小和品牌就是在老屋中結合歐法鄉村古物為氛圍營造，讓踏進店內的客人都可以感受到一股來到國外度假的悠閒氣氛。

而創立台中小巷弄內品牌商機的「田樂」也是一例。以新舊交融的小亮點製造出小巷商機，讓老房子用自己的價值創造新生，更為了延續老房應有的穩重、寧靜，採用妥善行銷策略，遵循在地生活氣息，也成功營造出品牌特色。

復古主題店

　　說到復古飲食店，一定不會忘記的就是台式餐飲店鋪，注重特色與懷舊韻味，有許多兼賣五〇年代生活、遊戲器具、餐飲的複合式主題樂園，也有單純將復古元素導入餐飲店鋪等等。以懷舊的餐點口味加上懷舊風情，讓客人懷抱著一份追老回憶的心境一再前往，不論是那個年代的上一代人會進入記憶，年輕一代的人也會藉此遙想當時氛圍，消費年齡層可說是一網打盡。

文創小店

　　隨著文青風潮延燒，以及引進國外文具產品廣泛與普及，在台灣各地街邊已經可以看見各式各樣文創店鋪，不論是日系小物、繪圖器具，強調的是經營者自己喜愛的風格與特色，通常他們會用穿透性店面吸引外來人來人往行人目光，利用一張大圓木桌陳列產品，甚至是將該仕家中各個區域的器具，藉由老屋空間加以展示，浴室、玄關、客廳等等都能讓你體驗文創在生活中發酵的可能性。

攝影 _Amily

◀老屋不見得是懷舊的地方，現
今也有許多結合新興文創商品的
商業空間。

複合式經營空間

以往要擁有自己的空間需要付出相當代價，近年共享空間經濟概念崛起，空間本身也是有價商品，跳脫獨立私有的運用模式，而是由一群人共同享用空間，分攤基本設備需求及開銷，且能在此交流互動，一舉數得。重新思考老屋運用時，獨特的空間氛圍及相對取得代價低的租金，相當適合做為集創意發想、工作室、展場、咖啡館等於一身的複合式運用空間，如時興的 co-working space，甚至是住辦混合運用。

位於台北相機街區的鬧工作室，即是將 5 層樓透天老屋分層運用，同時資源又能互相串聯，頂樓做為住家，3-4 樓是彈性運用的展場及設計 show room，1-2 樓是提供輕食咖啡與空間的鬧咖啡，做為創意與在地的發聲基地。

圖片提供 _ 鬧工作室　攝影：麥翔雲　　圖片提供 _ 鬧工作室　攝影：Paniceddie

▲公寓型老屋可將複合式空間做最為恰當的規劃，不同樓層各有主題，空間設計可採單一元素貫穿，或是色彩、或是材料，創造出最大經濟化價值。

旅宿

　　近年來有許多民宿、飯店搭上老屋設計經營風潮，以老空間創造新體驗的概念，引進旅人藉由住宿感受地方所乘載的舊痕跡與文化內涵，像是「佳佳西市場旅店」將本有 40 年歷史的家家大飯店加以回收利用，同時回收歷史文化與老舊建材，經過現代手法的再詮釋，不僅讓舊事物獲得新生命，也讓文化厚度豐富旅客心靈。所以不論是以新代舊、以舊復舊，旅宿訴求的是讓本只是空殼的居所，變身成為蘊含在地文化的縮影。

圖片提供 _ 佳佳西市場旅店

◀▼採用新舊融合的佳佳西市場旅店，展現出設計師與品牌間開創老屋新生多元性，用新物保存下老屋的生命力，也開展住宿與在地文化故事的連結。

圖片提供 _ 佳佳西市場旅店

LESSON
06

老屋這樣設計 2：
巧用手法設計　精省又具獨特性

　　店面決定之後，就要開始著手設計了！為了節省開始付房租到實際營業中間的尷尬時間，如何有效地掌握設計時間就變成是創業後節省、控管成本的第一步；當然店鋪裝潢可以全都自己動手來，但是相對下事前確認好自己的店鋪需求，再尋找設計師以及施工廠商，不僅可以節省時間，透過完善溝通，更能夠避免不必要的失誤與施工損失。

尋找與自己理想風格相近的設計

　　商業空間不同於住宅空間，具有設計本質上的不同，基本上住家是屋主個人私密空間，美學是主觀而感性的，但是商業空間畢竟是以服務客人為主要，必須符合大眾口味與需求，因此理性思考成分居多，除了可以聽取設計師的判斷與專業之餘，更建議與設計師進行溝通前，應當大量蒐集相關設計風格資料，才能針對自我喜好、店鋪設定風格做為評判標準。

圖片提供_力口建築

▲位於台中忠信市場的 1987 廚房工作室，運用老屋空間本有的外顯管線，創造出市場內的真實韻味。

而尋找設計師最簡單的方法就是去尋找自己喜歡店家的設計師，有時可以多找幾家，在聊天的過程中，應該就可以概略評斷出設計師是否了解自己的想法，又或者是否有充足的老屋設計想法。為了在與設計師討論時出現想法落差，先前做的設計資料蒐集就有很大功用，再加上設計師可能是除了經營者之外，最瞭解店鋪設計整體面貌的人，所以務必要讓設計師多方了解、勤加溝通。若是連設計師都不能夠了解業主所欲傳達的風格的話，那缺少對談機會的客人可能又更難理解了。

夢想與經濟現實面的平衡點

經營有多間老屋改造空間的台灣小鎮文化協會常務理事許書基以自身經驗表示，當創業者選擇以老屋作為創業空間時，相較起一般新成屋更有設計發揮空間，因為存在於房屋中的歷史氛圍都是設計層面得以有效發揮的亮點。雖然在他管理、規劃的老屋空間中分別有背包客棧、藝文展場等等採取不同性質與顧客對話的商業空間，然而加以統整之下，不難發現欲以最精省成本創造出老屋空間設計感的話，可有以下三大重點，不但可以較節省的方式達到老屋修繕目標而且呈現效果一般來說都還可以讓大眾接受：

1、真實性

2、廢材再利用

3、工業風格

透過其上三大點所打造出的風格空間，許書基將其定義為廢墟風。

著重真實的空間氛圍

透過其上三大點所打造出的風格空間，許書基將其定義為廢墟風。

而其中所謂的真實性，著重的是老屋與空間中經時間所催化出的空感氛圍，無所畏懼地將空間的真實性展露出來，更能夠在空間中營造出時代感。像是可在許多老屋咖啡廳所看見的紅磚牆外露的手法，就是一例。

其實，外露的紅磚牆及隨意的水泥塗抹，只要在巧手搭配上不同的傢具、空間設計也可以展現不一致的空間韻味，若是採用老木桌椅，能帶出過往外婆家的居家風情，而配飾木桌椅和吊燈、鐵架等設計則也能創造出工業風格裝潢。

攝影 _ 曾家鳳

▲▼老磚牆若組裝舊窗戶或是一些老件傢具，不論材質是新還是舊，都可以傳遞出老舊氣息。

攝影 _ 曾家鳳

廢材再利用的重組性

　　而談到老屋廢材做出的設計手法，就可以小艾人文工坊為例，其特色就是盡情耍廢，透過此「玩空間」的概念傳遞給來住宿的客人說，「玩」是重要的人生方向，要拼命且認真的玩，對人生才會有不同想像。小艾的設計主軸為透過撿拾廢棄老料達到拾舊復新的意象，重新整理後進而改造成有用的擺設，所以即便定義為廢墟風，但是卻不一定代表髒舊、代表亂，而是用老屋既有年華歲月，創造出老屋賣點，感覺時間跟空間自然而完美的對話。

攝影＿江建勳

攝影＿王士豪

▲◀原建築體復舊的方式是以舊廢料加以創新運用，或是在原先功能上，或是有了嶄新語彙，隱喻空間中的多變性。

融合老屋風格的 Loft 設計

但許書基也提到，由於純廢墟風的改造風格對於部分地區業主來說，依舊偏向大膽，於是退一步觀察，大家多半會將廢墟風結合帶點清爽的 Loft 設計，也就是「呈現材質原貌的輕裝修」，創造出略帶工業風格的裝潢設計。

所謂的輕裝修，簡單分別認知的話，像是日系品牌無印良品就是一種大眾接受度極高的 Loft 設計，因為本身傢具及設計強度不高，因此很合適與其他類別設計風格加以結合，不但衝突性不高，反而也能適度地帶出老屋空間中具有歷史魅力的部分。

以父刻 男仕理髮廳來說，當初業主承租前，屋主已經找設計師進行過初步空間設計翻新，除了將整體泥作加以穩固之外，完整保留過去日治時期、國民政府時期住家中常用的花磁磚、白瓷磚，以及加強磚造的牆面，雖然片面看來都像是破舊老房，但是加以燈光、傢具輔佐下，反倒呈現出空間中的特有韻味。更打掉舊有水泥梯改以鋼造取代，以黑色色澤減低空間中的搶眼度，成功創造出新舊融合的空間氛圍，也創造出 Loft 設計風味。

再來要講到跳脫廢墟風空間設計，就不能提位在竹田火車站對面、以米倉改建的大和頓物所。為了保留當初日治時代米倉歷史風情，大膽保留紅色外牆以及過往屋頂樑架，破舊斑駁紋路完全保留，但是就如同門把設計是從 1942 走進 2017 的概念，室內改用玻璃屋加以打造，讓坐在室內的客人可以不用大費周章就清楚地將歷史年華納入眼簾，磚牆、樑架在新時空中以就以舊面貌加以呈現，更為了呈現材質原貌的輕裝修，力口建築設計師力培安特意選用鋼構建材作為玻璃屋內的支撐，新舊中卻展現出最完美的結合。

TIPS

透過撿拾廢棄老料、重新整理達到拾舊復新的廢墟風，
能給予空間精省又具歷史意味的設計感，
再轉輔以呈現材質原貌的輕裝修的話，則會轉換成帶點清爽的 Loft 設計。

省錢與特色只是一體兩面

經過以上三點的簡單說明後，可以發現在思考經濟考量與老屋特色營造過程中，不外乎先發現老屋特色與價值，才能找出最具魅力的空間設計方案，許書基建議創業者可以在蒐集資料的過程中不斷地思考並秉持著以下三項原則，就可以找出最符合自身創業空間與老屋魅力的設計方案：

1、真實性：

不要創造假故事，因為真實的東西才不會有破綻，**也才更能與空間催化出最具故事感的空間。**所以也就是說，不要只是一昧地看到喜歡的空間設計後，就與設計師強硬溝通要做出相同風格的設計。應當是先了解老屋背後歷史後，才能挖掘出老屋最真實原貌與說故事的魅力，從此著手設計方案，才能突顯風貌，且節省成本。

雖然由於老屋可能本來是住宅空間，要改成商業空間或許會遇到廁所、廚房移位問題，但在預算有限的情況下最好避免。因這兩個空間的位移通常伴隨著管線遷移、泥作、磁磚與防水工程的施作，基礎工程費用會大大提升。不妨是保留既有空間特色，創造出不同的空間氛圍。

2、歷史感：

因為老屋過往是生活的空間，在其中推演的歲月無法複製，所以**如何適度運用廢材**，不僅是省錢，**更是找回建物年代的好方式。**透過使用原有的傢具，以及利用有造型的燈具、具設計感或裝飾性的家飾擺設，可以豐富空間的視覺效果，展現業主個性，也省去裝飾性的裝修預算。

若能夠適當地發揮此特色的話，老屋新生創業才真正具有價值，讓有故事的空間替店家，甚至是品牌發聲，創造加乘效應。

3、支持原則：

老屋跟老人很像，並非老了就棄置，或是強迫他跑百米，若需要拐杖、輪椅就該給他，因此設計老屋應當**能修就修**，支持它繼續活下去。

由於拆除工程常衍生許多費用如人工、清潔以及磁磚修補、粉刷等工程項目，因此除非格局不理想必須重新調整，最好可避免拆除工程，也是省錢的重要項目之一。

而無論老屋賣點為何，其實都是滿足客人需求的食衣住行育樂。不脫離生活性的省錢設計，可能也是走出韻味的一種新突破。

攝影＿管延海

攝影 _ 管延海

▲◀▶仿舊鋼架與建築素材配上工業風格建料，老屋
也能輕鬆展現時下流行的輕裝修風格。

Drinking a good coffee.　start here - Yamato co

攝影 _ 曾家鳳

LESSON
07

老屋這樣設計 3-1：
保留老屋與外在環境連結

一間老屋店鋪該要如何創造出話題性，與設計也是息息相關，在現下網路世代中，可從設計面著手操作行銷、網紅……等面向迅速打開知名度。而老屋之所以能和其他店鋪快速產生差異性的即是故事性、文化魅力，不論老屋位置遠近、交通方便性與否，用故事魅力吸引人潮，才是設計成功的重要關鍵。

請注意！空間外的文化魅力

傳統就代表落伍，老舊就代表廢物嗎？

時至今日，這種看法當然已經落伍了，然而如何處理歷史留給我們的遺產，似乎仍是個令人頭痛的問題。根據力口建築設計師利培安多年從事老屋相關設計來看，單純修繕已經無法創造老屋與新時代的連結與悸動，現在許多老舊建築翻新案例都是從屋子原有結構著手，建材全採用新時代材料下，使得老屋在完工之後幾乎看不出建築的原貌，實屬可惜。

就利培安的觀察看來，老屋在時代脈動中其實不是停頓的！反而是真實記錄了某一個年代、時空下的記憶，也正因為如此才能吸引現下文化意涵高漲年代中生活著的顧客們。所以要和他們溝通、互動，就**應該跳脫老屋只是一個商業空間的思考模式，反倒是該將其擴張、延伸到社區、地域「觀察」特質，才是重點。**就像日本於 1994 年提出《奈良真實性文件》，不強調建物材料的真實性，而是著重於場所精神、凸顯地區的特性而認定有保存價值。

圖片提供＿力口建築

▲竹田車站一出米就能看到前身為穀倉的大和頓物所，咖啡館座位區以玻璃牆和社區互動。

依據在地特色設計，擴張故事張力

我們先不談細節的店鋪內設計，先行著眼如何透過設計讓老屋主動説故事。當然，老屋就我們先前所談，在台灣生活領域中所殘留下來的多半是日式住宅、加強磚造和鋼筋水泥三種類型，但若是僅就房屋形式加以設計，難道不覺得有點無趣嗎？！因此利培安表示，設計面應當要著重的應該是保留跟在地文化、環境連結的老屋精髓。以下將會以成功結合環境的空間設計案例逐一分享。

伊聖詩私房書櫃

以位在台北市大安區新生南路的伊聖詩私房書櫃來説，原先設計概念即是結合在地書香味濃厚的環境加以發揮，期待達到能與環境互動、交流構想。希冀書店不當環境的「闖入者」，反而是和社區融合。當你走進巷子時，跨越半條馬路的大芒果樹與你招手，涓涓戲水聲靜靜地迎接著人客的到來。

圖片提供 _ 力口建築

▲ ▼與周邊住宅區、公園生活空間結合的外觀設計，成功吸引行人目光。

圖片提供_力口建築

　　因為本處屬於住宅區，又近龍安國民小學，所以營業主表示想將空間打造成一處獨立書店時，設計師即將主調設定為「與人結合」。首要之務就是須讓人走進此空間產生互動、讓書香與人們創造交流，所以刻意保存老屋內的大芒果樹成為招牌，再將鞦韆嵌入舊招牌架上、引入水池打造出一座悠閒空間。門前的展示架成為鄰居途經時觀賞藝文文化的資訊平台，便利停靠腳踏車的鎖架，更是希冀附近住客在假日時也能走進來看一本書、品品無添加烘焙輕食與有機飲料。

MANO 慢鏝選東西

　　不論是純營業商空，還是藝文展場兼工作室，都不脫與環境連結的關鍵。慢鏝是個欲嘗試以不同概念形式去體現藝匠們巧思與心力，以同是手藝人的角度來延續和推展當代手作精神與價值之品牌。

　　而其座落在紹興南街的辦公室與展場，鄰近徐州路一整片綠蔭盎然，為了讓建築可以融合進空間中的綠意色彩，設計師特意把整棟三層樓建築幻化作一株大樹，再用運用符合品牌創作的 6 萬片銅片加以拼貼外牆，以傳統抿石子做法製成，其中摻雜的銅片顏色，隨著時間氧化流動，漸漸會從黃銅色變成墨綠，透過拼貼作法上愈上方密度愈高的巧思，當它開始轉變後就會和周邊綠樹林蔭相呼應，讓老屋在時間流動軸線上持續往前延伸。

圖片提供 _ 力口建築

▲▶在舊的建築體上重新砌上新的外觀，以傳統抿石子做法製成，一來連結周邊環境，也與品牌工藝相呼應。

▼老建築的鋼架與新建的材料，意外巧妙交融，營造
出新舊一體的完美契合感。

圖片提供 _ 力口建築

圖片提供 _ 力口建築

轉譯環境價值，找出舊中新意

老屋進行翻修整建設計時，難道新和舊就必須非要和諧不可？其實，和諧與否可能見仁見智，也或許因應不同時代背景下而有差異化見解，所以也許當要再現老屋魅力時或許也能採取對比、衝突、反固定思維策略，讓新舊各自保有自己的特質，進而彼此對話，相互輝映。

像是位在葡萄牙古城 Sintra 的 Cabrela House，就是一個最佳例證。一棟已成廢墟的百年老屋因建築師的巧思重新復活。

一棟沒有屋頂、只剩四壁和完整門窗開口的老屋，沒有被重新拉皮，僅是完整地保留原貌，另外在其一旁建出一棟二層樓房將新建物與舊結構彼此鑲嵌，新建屋以大片落地鋁門窗將陽光引進室內，包覆在外面的老屋成為露天門廳，既可作為緩衝，又增加隱密性，老屋依舊停留在過去的歷史空間上，但是又多了新時代的記憶價值。

大和頓物所

大和頓物所的前身是位於竹田火車站前的「德興碾米廠」，已有 74 年歷史，是日治時代別具規模的碾米廠，20 多年前停止營業後，廠區逐漸頹圮，由於本是私人場域，廠內木造機具未能被保留下來，但是刻畫著竹田人記憶的紅牆、米倉鋼構雛形依舊，設計師特地保留空間記憶，對於外在結構毫不更動，只是在內裝建起一棟玻璃屋，每當陽光灑落，客人可以清晰看見老屋磚造痕跡，把老屋變成一種欣賞物。

在外觀上，也為了維持一體性，特意選擇與周邊相同的鐵皮屋材料作為屋頂，再經過鑄造創造出與竹田車站相同色澤，即便是從上眺望都還能維持近 30 年的記憶時光。

有鄰庵

　　作為日本最早經營背包客棧的有鄰庵來說，有了成功建立商業模式經驗後，了解老屋空間之所以吸引人之處不僅僅在於「老」，而是其中故事與環境的連結度，所以在經營 Barbizon 空間時，呼應倉敷從過往即是引領和洋風潮之地，刻意保留外觀日本倉庫建築樣貌，成為一處街道市景中美麗的影像，而內裝則是以符合現今人們生活習慣的和洋式風格加以設計，不僅連結在地歷史韻味，也成功創造出空間新舊融合之意。

　　而在空間設計面向之外，還特意在活動設計上，將倉敷過往生活中充斥的藝術文化特色加以融入，不論是可以參與藝文活動，還是讓住宿客人參與倉敷在地手作活動，都變成在地思考 保存老宅特色的重點（此部分將會在 P140 老屋這樣設計 3-3 中詳述）。

圖片提供 _ 有鄰株式會社

圖片提供 _ 有鄰株式會社

圖片提供 _ 有鄰株式會社

▲◀全新翻修整建的旅宿空間，以傳統外觀營造環境風情，內裝則是新時代下的和洋韻味。

LESSON

07

老屋這樣設計 3-2：
用嶄新語彙 為老宅穿新裝

　　老屋店鋪如何抓出核心，可能會隨著店鋪定位不同而有所改變，細節則通常會因為銷售何種商品而調整，有時候甚至是多功能或是複合性質，以下將告訴想要以老屋開店的老闆們如何找出自己店鋪的特色，該如何不一昧隨波逐流，適當選擇空間材料、光源，創造出不同韻味的老屋新意。

圖片提供 _ 力口建築

▲力口建築設計師利培安、利培正表示，從老屋周邊環境觀察，可以發現堆疊空間新意的可能性

美學包裝 強化過往功能

　　就如同在（P.126 老屋這樣設計 3-1：保留老屋與外在環境連結）中提及，老屋設計起點應當從老屋與環境連結著眼，范特喜微創文化股份有限公司創辦人暨總經理鍾俊彥說，在常下雪或易有暴雨的地方，會出現擁有斜屋頂的建築，這是為了能快速將雪或雨水排除以免壓垮屋頂，又或者高美濕地周邊為了避東北季風，房屋坐向不會是傳統的坐北朝南，而是略偏一些；而客家圓樓的圓形構造則是易於抵抗外來人的侵略，若在建蓋或整修宅院時，適度保留建築特徵可把這些與自然

條件、人文歷史相關的設計，形成難以抹滅的文化，經由老屋精髓的保存甚至可以讓我們回溯當時的人際關係、生活習慣和信仰。

不過，如何在保留過程中，再加以延伸出空間嶄新特色，就是一大設計學問了。

結構不變 微調細節變花樣

鍾俊彥提醒，選擇老屋創業，基本上是不得不裝修的！為了延續老屋使用年限、配合商空需求，基礎工程和泥作補強可說是勢在必行。然而，空間設計會牽涉到建築法規，位於商業區、住宅區或是農地的老屋，都有不一樣的規定，要先研究法規，了解老屋可以使用的範圍再作整修才是。其次，需注意容積率和建蔽率的規定，以及使用何種建材去作整修，不能憑空將木構造改成鋼筋混凝土，或是隨意打掉隔間、增加設施，這些都得經過申請程序、循著一定的規範和步驟才能實行。

所以原則上並**不推薦在格局、結構上添加過多新意，反倒是可從「細節」著手，變化出老宅空間與其他老宅的不同新意。**

材料的選擇

老屋內的裝修材料，依據營業需求而有不同形式，但是共同概念就是無須拘泥老屋本身建材設計，也就是說日式老宅不見都就只是能木造吧檯，力口建築設計師利培安表示，從老屋周邊環境切入，更可能堆疊出具有新意的空間。特舉出以下三種較可能容易出現在各種業種老屋創業店鋪的空間：吧檯區、座位區、展示區，加以說明。

1. 吧檯區

　　訴求內用型的咖啡廳或是餐廳，吧檯通常是空間的亮點，因為這邊通常也兼負了結帳功能，客人點餐時可以在此感受到吧檯手沖煮咖啡、製作甜點或食物，可說是店內核心價值之處。許多店家也將設計偏向中島型設計，適合強調與顧客有著互動密切的店家。

　　所以吧檯即是創造老屋新意的重要區域，以「伊聖詩私房書櫃」設計為例，吧檯平面採取和建築外觀洗石子結構雷同的磨石子質材，但是為了柔和整體空間，加上結合店鋪書香特質，以多張紙片堆疊出柔和光線，甚至未來還能變成將紙張替換成紙類藝術品也沒有問題。

　　在「鬧咖啡」的開放式廚房中，透過與街道關係親近的吧檯，拉近與過往客人的互動。順應老街屋原有地坪及腰牆的磨石子語彙，吧檯立面也以細磨石子和水泥預鑄板呈現，銜接處嵌入 LED 光帶，讓畫面在復古中又有現代感，檯面也是同款水泥預鑄板，泥作元素也應用在燈具及花器上，整體能與街廓風景融合同時帶出新意，未來會在吧檯外增設高腳桌椅，營造露天咖啡館的氣氛。

圖片提供 _ 鬧工作室　攝影：麥翔雲

▲兼具外帶與內用的中島型吧檯。

▶伊聖詩私房書櫃中與設計相連結的吧檯設計。

圖片提供 _ 力口建築

攝影　徐佳銘

▲▼內用基本型吧檯。

攝影　曾家鳳

2. 座位區

店鋪座位的配置應當依據營運規劃來把握，依據不同類型的店鋪可能需要設置不同的座位數量，強調內用的餐廳、咖啡聽需求多，但是以民宿或是文藝展覽為主的空間也許就能不需要特別考量數量，反倒是可以設計感取勝，避免只有單一型態的座位，讓空間變得單調。

餐廳和咖啡廳的人數大多還是以 2~4 人為主，所以兩人桌和四人桌通常設計在前區和中區，一方面方便帶位，一方面也可以讓過往人潮感覺店家人氣滿滿，而動線不佳的深處則可以規劃成包廂區，以沙發等設計吸引團客。單人長桌也很適合咖啡廳或是餐廳，適合面對戶外，供給一個人來店客人也能輕鬆地享受良好視野。

咖啡廳或是餐廳老屋空間中的桌椅，通常單品數量多，除了直接跟傢具公司購買之外，也可以請設計師加以製作，不僅節省成本，同時也能創造出空間新意。以引進日式手打烏龍麵的「穗科」為例，外觀雖然是水泥結構公寓老屋，但是在泥作地板上配以帶有日式氣息的木造桌椅，高雅、穩重特質完

圖片提供 _ 力口建築

▲四人桌方桌。

▶單人長桌。

攝影 _ 徐佳銘

圖片提供_力口建築

圖片提供_力口建築

全不失日式韻味,加上入門處輔以日式庭園點綴,讓人感受到的就是一種純日式生活情調,完全忽略掉了店鋪可是位在住宅區中的公寓。

3. 展示區

現今將老屋轉做成藝術展覽空間或是文創商品店鋪的空間也逐漸增加中,其中一大設計重點就是展示空間,雖然展示可能需視產品大小不同而有所差異,但是由於是空間中主要與客人互動部分,所以也是很合適用來呈現空間新意的區域。

以「東籬畫廊」為例,利培安特以從品牌名「東籬」為出發點,將一處位在住宅區中的水泥公寓打造成一座具有古典傳統氣息的展示空間,特以取「籬」字中的「竹」作為空間意象,取水泥住宅之水泥作為素材,灌注在竹體中,待其乾後,印出竹子根節紋路,剛強中又有植物的柔和意象,呼應中國古典中強調之「柔中帶剛」意涵。

與時俱進 因應現下生活習慣

鍾俊彥提到,為了符合現代人的習慣,在房屋採光、挑高的設計上已與舊時代不同;而為了便於身障人士使用,也有可能加入防滑設施、電梯或是無障礙空間等,不能因為它是老屋所以這些東西都不作,在合理範圍內為老宅穿上新裝、求取適當平衡是極為重要的。

光線的設計

　　一間店舖除了裝潢外，燈光的規劃在整體氛圍營造上更具有畫龍點睛的效果。光是燈光的轉換，就能給予人天壤之別的感覺，尤其咖啡廳、餐廳應當在白天引入日光，日光顏色對食物與產品有很大的幫助，而入夜後的間接照明又是營造店內氛圍的重要部分。所以規劃空間時，也一同設定每個區域所需的照度，徹底改善老屋多半空間照明度不足問題。特舉出以下兩種較可能容易出現在各種業種老屋創業店舖的空間：吧檯區、座位區，加以說明。

1. 吧檯區

　　吧檯是設計重點區域，背牆通常有氣氛燈光或是特殊設計的照明，員工在工作時的照明也很重要，可以利用吧檯內的 LED 燈做補強。

◀▼吧檯區光源可以搭配
LED 燈補強。

圖片提供 _ 力口建築

圖片提供 _Eddie

▼▶將日光引入室內的燈光規劃可是時下潮流之一。

攝影_Amily

照明的色溫應該以 3000K 為主,尤其是桌面部分,而 LED 則最接近此色溫,另外建議同一場域最好不要有太多不同種類的燈光。

2. 座位區

不論什麼樣的店家,照明都是一大關鍵,讓客人入座的座位區最好都一定要打光,而投射型燈具是最佳的用餐光源照明,須注意同一張桌面的明暗度不宜反差過大,也要避免一抬頭就看到刺眼的投射燈,可以選擇有燈罩的吊燈來增加氣氛。而無燈罩的吊燈不能選瓦數太高的,以鹵素燈燈光效果較佳。若是有特別節日也可以在桌上放上蠟燭點綴,藉以營造氣氛。

若是在老屋結構上允許的話,也可以佐以大面玻璃窗引進窗光,因為最好的照明就是日光!在白天適度引入日光,日光顏色不僅對食物和產品都有很大的幫助,更可以符合現今拍照上傳的網紅時代,一杯咖啡配上甜點加上雜誌,怎麼拍都好看。就連非飲食業都可以引入日光,用自然光線改善老屋普遍過長而亮度不足的問題,也讓客人即便待在室內卻有在室外的舒適感。

攝影_菅延海

LESSON

07

老屋這樣設計 3-3：
帶入人潮 創造老宅生命力

過去台灣有很長一段時間，對於老建築再利用不太重視，新聞媒體上動輒可以看到建築殘破不堪狀態下就把它拆掉的處理方式，雖然經過一段老屋復興運動後，老屋在時代軸線上地位逐漸提升，就像無垢舞蹈劇場林麗珍曾說過一段話：「創作是倚賴 99% 的傳統文化跟 1% 的創意。」設計不可能憑空而生，生活文化應當就是設計核心，然而處理老屋卻多半僅是修繕，在媒體討論上變成是如何降低蚊子館比例，設計應當除了是留下老屋之餘，更應當是創造其未來生命力。

著眼設計力。創造老屋人潮

「大稻埕以茶聞名，老屋也已有百年歷史，自然不會想在其他地方另起爐灶。」有記名茶第五代傳人王聖鈞說，利用在地優勢、維持老宅特色，才是百年老店獨特的利基。的確，若到新環境，勢必要重新創造氛圍，這對茶行來說，少了老屋原本的古味及情感，反而很難在競爭激烈的茶市場中找到優勢，況且，既有老屋棄之不用，相當可惜。然而如何用心感受發現設計老屋時材料，就是關鍵。力口建築設計師利培安提及，設計老屋材料不應當單純評估「建材」，反倒是如何著眼在地文化，從人文肌理，發現結構面可突顯個性的商業空間。

大和計畫負責人、大和頓物所所長 PAUL 提到，當初著手經營大和計畫起點一大和旅社時，就是為了能夠賦予老建物全新生命力，還原舊有的三層樓和洋式建築面貌，才決定重新經營旅社，預計將大和旅社打造成為台灣第一個真的可以入住的歷史建物。

然而，僅是修復成原先日治時期樣貌與風格還不足以立足於現代，費力地由民間單位為主軸推動將其登錄為歷史建物，「保留老屋、改造新生」進

圖片提供 _ 潘俊元空間設計

圖片提供 _ 鬧工作室　攝影 _ 麥翔雲

而重啟另一種生命力與用途是大和計劃的目標，讓走進來的客人在能感受到時空變換下，依舊能將嶄新、復古並存的空間美學，感受藏身在老建築裡的美麗設計…

入口設計

位在馬路邊的店面，通常會將大門入口安排在人來人往的馬路側，不過「鬧咖啡」則是轉向思考，因所在老屋位置剛好位於延平南路與巷道的邊間，可以直接看到被解放後的北門，設計師胡漱寵希望創造一個轉彎遇見桃花源的期待感，將入口調整到臨巷道的側面，同時分流外帶及內用客人的動線。加上該區少公園綠地，缺乏休憩的公共空間及綠意植栽，因此也希望讓這條從馬路走到店入口的路徑，能夠成為週邊居民一個休憩的角落，未來會增設平台座椅及垂吊植栽，為所處街區增添自然之味。

開放性空間

　　老屋之所以迷人，就在於它刻畫於空間中的歲月痕跡，是生活文化的堆疊、是曾有人在此互動的美好。所以在設計老屋計劃中，大和計畫品牌一再強調的就是「人味」，就如同利培安所言：「單純修繕無法創造新的 Program。」必須喚醒人們走進老屋，擾動環境，彼此產生連結，老屋才能稱得上是新生。

　　以大和旅社來看，未來每層樓規劃皆有特殊意涵，以人來人往的一樓為例，呼應過往此處是最繁榮的黑金町，PAUL 認為是最好達到人流擾動的空間，特意將一樓規劃成有如歐法戶外咖啡廳概念， 透過有人停留、離開，老屋空間就有了生命力。

藝術展區

　　結合老屋歷史韻味與現下文青特質，利用不同檔期的特色展覽，可企圖吸引人潮。除了純粹展場空間之外，現今也有許多複合式店鋪設計規劃可結合藝術展示，例如咖啡廳內規劃店鋪牆面展出短期畫作、寫真展覽，透過燈光軌道設計，微弱光線打在作品上，不僅絲毫沒有違和感，還能提升店鋪藝術情調，也落實現下藝術也可以貼近生活的親切感。

攝影 _ 管延海

▲▶老屋空間結合展覽變身為藝文味十足的展區。

攝影 _ 江建勳

圖│　　　│口建築

同中求異 異中尋同

老屋設計，其實與一般屋種設計沒有太多不同，一大重點是如何同中求異，除了同類型店舖如何創造差異性之外，品牌經營者也必須考量「同中求異」的重要性，像是利培安就善於運用自身擅長的觀察力，發現迎合環境又能搭配機能的空間設計。不僅可以仰賴設計師加以創造空間上的差別度，創業者自己也應當在規劃品牌時，利用設計創造老屋擅長營造的凝聚力。

座位區

以現烘咖啡專門店 cama 為例，雖說整體品牌訴求在店內精準演繹整個 Bean-to-Cup 的流程，用最透明的製作流程，提供最真誠的賞味體驗，但是在不同店舖周邊人潮差異下，店舖設計也有所不同。像是商辦大樓多的 cama 敦南店，就特意將窗戶內凹做成方便休憩、放鬆的窗台，企圖讓工作來往的辦公人員可以在此找到一處短暫喘息時光，所以一問起周邊客人對於 cama 的印象，除了一杯好咖啡之外，更多了一些是個能夠好好休息一下的城市角落回饋。

另外，有店家是為了服務喜好咖啡的客人，特別將座位區結合教學特色；有咖啡教學活動時，座位區不單只是座位，而是可以立即化作講師和學員的互動空間，充分將小巧、畸零地空間達到最大運用。

TIPS

設計老屋材料不應當單純評估「建材」，
反倒是如何著眼在地文化，
從人文肌理，發現結構面可突顯個性的商業空間。

▼▶連鎖型店鋪也可從不同地方
文化特色著手設計風格異同。

圖片提供＿力口建築

圖片提供＿力口建築

除了同中求異外，創業者在尋訪設計靈感、方向時
也不應該鎖定特一品項店鋪，多看看不同樣式店鋪，
反而可從中發現異中之同，透過辨別店家客層族群雷
同與否後，都可能作為自家店鋪設計的重要參考。

互動區

相較起新成屋，老屋空間本身即具備傳遞溫暖感
受，所以不論是何種業種，其實都很合適規劃互動區。
建議可在此擺放著有關老屋歷史、故事的書籍或是照
片連結客人彼此的話題，又或者是在無法直接跟客人
互動下，拉近客人與店鋪的距離感。

＊民宿

一張具有份量、可符合老屋韻味的長型桌子，是很
合適的設計配件。像是有鄰庵就在空間中最顯目位置
擺上一張 900 年以上歷史的老木桌，客人們在此互動
交流、烹調料理晚餐，談笑間翻翻老屋記錄本，自然

圖片提供＿潘俊元空間設計

而然地就匯聚在此；就經營角度層面來說，還更便利從業人員管理、發表相關需告知事項。

相同地，此概念不分國界都可通行，位在鹿港的背包客棧小艾人文工坊也是在公共空間設置了一張大桌子，旅人在此分享趣事、寫寫明信片，創造更多在民宿老屋中的回憶。

＊咖啡廳、餐廳

創業轉作商業空間的台灣老屋過往多半不論是住宅還是商空，都是人們聚集之處，因此為了傳遞人文意象其實桌椅設計就相當重要，舒適好坐的桌椅、象徵家人團聚吃飯的圓桌，或者是有如合盛太平以過往候診椅為出發點設計出的桌椅，都是能轉化老屋空間舊有文化在新時代下展現的設計概念。

攝影＿徐佳銘

攝影＿管延海

▲◀餐廳、咖啡廳放上長桌，可以營造居家生活中大夥一同用餐的和樂氣氛。

圖片提供 _ 有鄰庵

▲ ◀民宿的互動空間中放張長
桌，可達到自然而然吸引住可聚
集的效果。

攝影 _ 王士豪

LESSON
08

小兵也能立大功：
傢具、傢飾擺設選物重點

適度留白在老屋空間結構上是個相當重要概念，因此如何營造空間氛圍就取決於空間角落中的小細節，尤其注重生活品味、強調少量裝修的店家，此環節可能占了店面整體很大面向，所以如何選出符合空間的傢具和傢飾，就是老店創業中急需注意的要點。

空間的巧手師 傢具能夠畫龍點睛

傢具設計及挑選，往往會劇烈地影響整體視覺印象，也變成是創業中的一門重要課題。其挑選重點不僅是必須符合整體設計風格，又需要避免太隨意混搭，倘若有找設計師設計空間的話，此一部份其實也可以煩請設計師代勞。但是創業者必須準確針對客層設定加以說明，例如，著重於下午茶的咖啡廳，就可以搭配沙發與矮桌，讓顧客一坐下來就可以感受到慵懶氣息。但是反之餐廳的創業者，矮桌相對不合宜，反倒合適用餐的高桌椅，能符合人體工學。在機能上，若是想要服務需要工作的顧客的話，規劃輕食的餐廳或是咖啡廳也可以設計桌邊插座。

除了著重小細節之外，建議業主也應該要選擇符合自己味道的傢飾配件和傢具，透過設計、傢飾等等細節展現出自我態度。以下就快速地根據常見四種老屋改建空間風格來介紹傢具選擇單品。

攝影 _Amily

▲明顯的建材與磚牆裸露是工業風極為常見的展現手法。

工業風

根據小鎮資產管理有限公司創辦人許書基指出，現今老屋改建中可以看到許多典型 Loft 風格設計，一種將廢棄老工廠、倉庫，改造成具強烈個人色彩的空間風格，透過明顯的管線裸露、斑駁水泥磚牆，傳達頹廢不羈、追求自由的藝術家性格。多半採取開放性格局，搭配高自主性活動式傢具，至今更演變成加注溫暖質樸的元素，演變出更適合現代型態的 Loft 風景，深受年輕人喜愛，也是許多咖啡廳選擇的設計風格。

而在台灣最常見的經典工業傢具莫過於 Tolix chair，雖然市面上有許多復刻品，但也有相當豐富的二手或是原廠產品。Tolix A 系列是 1934 年由 Xavier Pauchard 所設計出，以鍍鋅的方式來保護金屬傢具，避免氧化，本定位成戶外椅，傳遞一種法式慵懶的感覺，但由於其耐磨損、好清理、方便堆疊的特色，漸漸地被商業空間廣泛利用，口碑也愈來愈好，不時還會出現在報章雜誌和電影中，成為經典的餐廳和咖啡廳坐椅。

工業風傢具、傢飾選擇重點

所謂工業風，重點有三：水泥感、木紋感以及磚感。為迎合空間特色，在傢飾、傢具選擇上也應著重於簡單而清楚的線條，例如法國鍍鋅業知名企業家 Xavier Pauchard 於 20 世紀初期開始研究、1927 年註冊的 Tolix 商標就是一例。

簡單、俐落的線條加上鐵件原色，讓空間更加簡潔，也更能帶出老屋空間本有韻味。燈具的選擇就可以傾向金屬機械燈；廚房空間中的收納罐則可選用糖瓷或是鐵製材質。

攝影 _Eddie

Tolix 也有高腳椅版本，是非常容易搭配的工業風單椅，雖然原廠不斷開發各種顏色，但是原始鐵件原色依舊是最能展現符合老屋歷史韻味的色澤。若是覺得 Tolix 系列太過常見的話，也可以考慮近來相當流行的日本品牌 DULTON，風格更為工業感，造型也很有特色，十分呼應工業風格的室內設計。

▶日式木造房檜木屋頂也能和簡約、強調線材的工業風格互相融合。

攝影 _ 蔡宗昇

歐法風傢具、傢飾選擇重點

偏好採用天然材質製成的傢具，如原木、牛皮、籐等都是傢具常見的材質。而不採固定式裝潢也是其特色之一，北歐的名家設計椅，幾乎塑造了世界對北歐經典設計的主要印象，像是 Hans Wegner 的 Y Chiar 立馬就會成為空間中搶眼的主角。

北歐風格也偏好用燈飾，最實際的原因是因為當地日照短，需要燈飾創造室內溫暖感與明亮度，多會以立燈、吊燈取代天花板嵌燈，在傢飾上也偏好用織品增加空間的溫暖感。

歐法風

雖然乍聽之下，帶有浪漫的歐法風情與台式老屋可能格格不入，但是其實殘留至今的加強磚造房設計概念已經融合了部分歐法當時設計元素，像是巴洛克式設計等等，可便於創業者將空間結合歐法傢具，因應空間設計不同，也許可以結合簡約北歐風，又或是帶有鄉村復古風格的傢飾。

攝影 _ 徐佳銘

◀燈飾是歐法風情中不可或缺的空間靈魂要件。

　　近幾年來，隨著環保觀念與工藝的復甦，還有媒體與設計師的推崇，強調人性和自然的北歐風格傢具受到廣泛注目，北歐風格傢具擅長刻劃人與自然的平衡，例如丹麥四大匠的作品就展現了對自然環境的尊重與工藝技術的追求。Hans Wegner 所設計的經典 Y Chair，因為椅背特殊「Y」字線條而擁有此稱號，天然不上漆的原木材質，極具手感，和老屋氛圍也意外搭調，在台灣餐廳經常可見。

　　除了傢具之外，歐法傢飾也是呼應老屋歷史韻味的極大要件。像是訴求輕裝修的小和山谷即以豐富的歐法古典風格收藏品打造空間緩慢風格，一方面也因應餐點偏向歐法料理，一方面也將自身平時蒐藏加以展現，放眼望去老式風扇、暖爐，還是放在櫃台上的舊式收銀機，在在點綴了老屋在歷史軸線上的韻味。

攝影＿張景威

▲▲傳統外婆家可見到的住家生活元素也是還原老韻味空間的重要要角。

圖片提供＿田樂漢堡

古韻風

這部分我們探討的是一種坊間也很流行的「老式台味」風情。利用舊門板做成桌子、小學課桌椅裝飾空間，或者是毛玻璃窗框、鐵花窗加以妝點空間的傢具、傢飾規劃，但是由於此裝飾設計已占老屋傢具規劃大宗，建議不要將老物蒐集回來後就直接放置，應當加上設計師巧思後再擺放，可以創造出更多空間可看度，或是搭配其他風格的傢具，創造空間中不同魅力。

相較起其他風格的配件都有現成單品可以購買，若是創業者希望用帶有過往歷史韻味的傢具的話，需要耗費較多時間找尋，建議可以多和周邊鄰居互動，藉以蒐集一些鄰居不要的廢件。抑或透過專門收集老物維修的店鋪來找尋合適配件，像是位在新竹的舊是經典商行、北投的燕子二手懷舊傢具店等等，一件件老物尋寶的過程中，也是尋找自我喜好的過程。

攝影＿江建勳

古韻風傢具、傢飾選擇重點

把台灣過往日式房舍、加強磚造等房子中的元素轉作為空間傢具、傢飾呈現是此風格的重點，選擇重點在於風格雷同一致性，可以把不同時期的傢具全都集結到同一空間，但是透過業主的巧思下，將會變化出一些新的火花，例如把室內裝上本應在戶外的鐵花窗、辦公室鐵質摺椅與水泥磚座相互映襯，空間韻味就會有所轉變。

建議選擇重點可以材料性質跟以區別，若是以鐵件為主，則空間中的任一品項都應當要或多或少滿足此元素，藉此達成空間的統一性。

日式風傢具、傢飾選擇重點

日系，包含的樣式也很多種，例如日本傳統家屋或者是有如 MUJI 的日系文青風。若是 MUJI 風格最大的特點就是色調的統一。以白色和木色系的傢具為主，一般多選擇淺木色系，其他的配件則可在木色系的基礎上，做微量的色調延展，如黑、灰、藍等色調。再搭配上大自然原有的顏色（如金屬，玻璃，木，竹等）呈現空間有如戶外的清新感。

若是傳統日本式房子的話，也不外乎是色澤的考量，不見得都要是日系傢具，像是咖啡廳裡常見的 Karumoku60 就是皮革沙發與木頭加以結合，多了些和洋風情調。

日式風

日式風格老屋空間可以概分成兩大類，其一是純日式老宅改建，其二則是老屋改建成簡約日本風情。不論何者，因應日本人生活習慣，傢具尺寸都相對較小，像是在日系咖啡店裡常見到 Karimoku60，就是以日系傳統小巧木作工藝風為導向，搭配上簡單的木質桌面就可以營造出清新簡約的日系風格。

再來，日本老宅的空間中一大特別元素就是「榻榻米」了！其實由於台灣日治時期多半許多家庭都使用塌塌米，所以至今都還有傳承此技藝的職人，像是台南就有一家製作榻榻米超過一甲子的老店，持續傳承著製作手藝，高雄、宜蘭也不乏此技藝，若想要承襲最道地的日式風情的話，榻榻米可說是不可或缺的重要元素。

此外，因應日式生活著重小物配件，若是經營餐廳或是咖啡廳的話，也要著重餐盤、器皿的選用，可以選用產自日本製窯器，但是因應日本長年崇尚歐法風情的特色下，經營清新簡約日系咖啡廳的店家，也可以選用歐風特質器皿，不僅不會不搭調，還能營造出別具風味的店家特色。

以上所討論的風格，其實並非只能單一存在，適度配合環境與歷史軌跡之下，還是可以相互搭配輔佐，營造空間獨特美學。

攝影 _Amily

▲▼▶ 選用榻榻米更能創造出空間中
的傳統日式韻味。

攝影 _Amily

攝影 _Amily

LESSON
09

實際執行不吃虧：
透析老屋裝修疑難雜症 不花冤枉錢

彷彿像個研究生預習了許多開店與設計的知識後，真正的問題往往發生在開始之後，若認為老屋創業最辛苦之處在於找尋老屋需要機緣，那可就大錯特錯了，因為開店是一個成本評估、挑戰自我的遊戲，為了降低成本、保留韻味，早日讓店鋪開業，懂得從藍圖到實踐可是絕佳關鍵。

謹慎審屋 確認簽約條款

當找到合適物件後，首要之物就是進行「內部勘查」！對於老屋新生創業來說更是重要，因為多半老屋的共同困擾就是管線老舊，若是日式木造房舍還有蟲蛀問題，這些細節全都會造成往後整修極大困擾。所以在簽訂合約之前必須先詳細確認屋況，並且和屋主詳細溝通可否整修的細節，畢竟一旦簽訂合約後就會產生大筆費用，而且租約一簽訂也無法像是租房子居住一般，說搬就搬，必須謹慎小心。

建議第一點，須在簽署契約前詳細確認了解合約內容細目，如果有任何疑慮最好是商請**專業人士**，如律師協助審查，並可請律師評估是否需要在細項中加入更加完整的室內、室外整修細目，以免出租後一動工，卻產生屋主指稱亂動結構之糾紛。（詳細「房屋租賃定型化契約應記載及不得記載事項」請參照 P160）**第二點，必須確認收支**；簽約後產生的押金、保證金、房租以及屋主是否有緩衝裝修時間等等都會影響開業壓力、借貸總額等等，將是考量未來營業額的重要依據。

鬧工作室品牌創辦人 Monica 分享自身找屋簽約經驗，她提到房東只委託一家專營在地的房仲，在與房東溝通斡旋過程中，房仲扮演相當重要角色，因了解在地房況也受房東信任，替她爭取了不少優惠，基本的如裝潢期間免收租金、基礎修繕工程由房東支付、較長租約等等，而她也製作了詳細創業經營企劃書和房東簡報，此舉也讓房東對她想做的事更加了解，也是在眾多有意承租的人馬中雀屏中選的條件之一。

不過老屋體質在看屋時不容易全部掌握,尤其是房東在出租前經過基本整理,可能將原有問題粉飾,在承租後正式進入裝潢,拆下去看了才是問題陸續浮現,因此 Monica 也建議在簽約時,於合約中加註若裝潢中發現屋況不堪使用得請房東修繕等彈性條款,將不可控的成本支出情況盡可能減少。

構想清楚 快速發包動工

裝潢一動工,就是資金消失的開始,也是與時間賽跑的拉鋸戰!加上老屋修復是勞力工作,常弄得灰頭土臉,年輕師傅沒有技術、不願意做,也不知如何報價,雖說不大可能在取得開業地點前先行規劃,但是依據力口建築設計師利培安建議,業主可在和設計師溝通前先對營業型態、風格規劃有粗略構想,如此一來才能減少事後溝通上往返所耗費的時間成本。

TIPS

基礎工程不能少、
漏水和壁癌困擾要查清、
泥作不動、傢具取代木作可省成本

自行設計與動工

若是業主像是小鎮資產管理有限公司創辦人許書基一樣懂得修繕也願意實作,若是不排斥新材料與新工法的話,也不見得一定要找設計師。例如小艾的窗戶改用鋁門窗而非木窗,因為使用木窗時,開冷氣會漏氣、下雨時易漏水,為了維持基本生活,現代的東西還是會使用在老屋上,只是需有設計概念,不要讓人覺得突兀、不舒服。

另外,可以善用屋主人脈提供協助,像是許書基負責的基地中,有不少老屋的租金是0,由屋主免費提供屋源,讓許書基在修繕後對外開放,不僅節省支出,也達到閒置老屋的公共化。最後,許書基有另一個募資平台的計劃,

讓大家有機會參與修繕與經營，成為老屋的股東之一，有錢出錢、有力出力，老屋活化後若有租金或營運收入，會再分給股東；若老屋不賺錢，則股東投入的心力就當成奉獻，希望找到真心誠意、願意作文化保存的人，也有餘力照顧更多老屋。

請教專業團隊入駐

有記名茶第五代傳人王聖鈞表示，有記名茶這棟房子是父親長年居住的地方，剛改裝完，爺爺奶奶也曾住過一陣子，所幸因為「老屋有人住，房子就不容易壞。」所以當初改建時並沒有太耗費時間與工程，只是針對小幅更動細節、補強結構，再加入現代元素，呈現新舊融合之感。但是最擔心且令人困擾的漏水、蟲蛀問題，難保未來不會發生，所以除了起初整修時必須仰賴專業工程團隊和設計師之外，更必須憑藉著定期維護修整，才能維繫，而經手過房屋結構體的設計師、統包都是業主最親近的老屋專業顧問，開店後若有任何問題都可加以詢問。

可能造成漏水的原因，不外結構受損、屋頂防水層失效、水電管路沒有接好、防水層施工品質不好等等，選擇物件前應當確實檢查地板和牆壁兩個檢查重點，例如地板有無翹起、壁面油漆是否剝落，如果牆壁使用壁紙，或敲敲牆面發現是用木板封起來，這都可能是為了掩飾漏水痕跡，需要謹慎檢視。

掌握預算 準確分配

其實房屋也是具有生命力！當使用時間愈長，開始就會出現相對應的滲漏問題，最常見的就是壁癌、窗框滲水，但可別以為只要隨意補補就好，若等到傢具進入後又再度發生問題的話，可就得不償失了！

通常老屋的漏水問題，在尚未打掉所有外在結構體前可能看見全貌，若是嚴重性超過預期的話，建議還是需將房子的體質調整好，把錢花在刀口上確實改善基礎與硬體工程，輔以活動傢具滿足開店構想，適度降低傢具購買預算，或者是延後購買時間，才能調配預算花費比例。另一老屋改裝優勢在於，

當基礎工程完成後可不需要過度粉飾，不僅創造空間中的老舊、過往時光歲月感，同時也能節省成本。

另一個最困擾大家的老屋裝修問題即是「壁癌」。有一不可不知關鍵知識是壁癌和漏水有著因果關係，因此在處理壁癌前，必須先把漏水的問題徹底解決，可別等到房子裝修好後才再對著壁癌喊說：「怎麼又出現了！」

除了漏水、壁癌的惱人整修問題之外，還有基礎面整修不可少的問題需要了解。如此一來，才能確實將老屋轉變成可以長久經營十年、二十年都沒有問題的商業空間。

老屋裝修不能省

水電工程	補強結構
1. 因應營業需求設計燈具開關、插座的位置	1. 整理天花板及樑體上剝落的混凝土
2. 了解管線的走向位置，確實紀錄施工過程，未來需要整修時可立即因應	2. 斷面修復
3. 施工過程的記錄	3. 表面修正及底漆塗佈
4. 所有用電量大的設備都要有專用迴路配置，以保障安全	4. 強化纖維黏貼
5. 新配水管的壓力測試	

房屋租賃定型化契約應記載及不得記載事項

中華民國 105 年 6 月 23 日內政部內授中辦地字第 1051305384 號公告（中華民國 106 年 1 月 1 日生效）行政院消費者保護會第 47 次會議通過

壹、應記載事項

一、契約審閱期

本契約於中華民國 __ 年 __ 月 __ 日經承租人攜回審閱 __ 日（契約審閱期間至少三日）。

出租人簽章：

承租人簽章：

二、房屋租賃標的

（一）房屋標示：

1. 門牌 __ 縣（市）__ 鄉（鎮、市、區）__ 街（路）__ 段 __ 巷 __ 弄 __ 號 __ 樓

（基地坐落 __ 段 __ 小段 __ 地號。）。

2. 專有部分建號 __，權利範圍 ，面積共計 __ 平方公尺。

(1) 主建物面積：

__ 層 __ 平方公尺，__ 層 __ 平方公尺，__ 層 __ 平方公尺共計 __ 平方公尺，用途 __。

(2) 附屬建物用途 __，面積 __ 平方公尺。

3. 共有部分建號 __，權利範圍 __，持分面積 __ 平方公尺。

4. □有 □無 設定他項權利，若有，權利種類：__。

5. □有 □無 查封登記。

（二）租賃範圍：

1. 房屋 □全部 □部分：第 __ 層 □房間 __ 間 □第 __ 室，面積 __ 平方公尺

（如「房屋位置格局示意圖」標註之租賃範圍）。

2. 車位：

(1) 車位種類及編號：

地上（下）第 __ 層 □平面式停車位 □機械式停車位，編號第 __ 號車位 個。(如無則免填)

(2) 使用時間：

□全日 □日間 □夜間 □其他 __。

3. 租賃附屬設備：

□有 □無 附屬設備，若有，除另有附屬設備清單外，詳如後附房屋租賃標的現況確認書。

4. 其他：___。

三、租賃期間

租賃期間自民國 __ 年 __ 月 __ 日起至民國 __ 年 __ 月 __ 日止。

四、租金約定及支付

承租人每月租金為新臺幣（下同）__ 元整，每期應繳納 個月租金，並於每□月 □期 __ 日前支付，不得藉任何理由拖延或拒絕；出租人亦不得任意要求調整租金。

租金支付方式：□現金繳付 □轉帳繳付：金融機構：__，戶名：__，帳號：__。□其他：__。

五、擔保金（押金）約定及返還

擔保金（押金）由租賃雙方約定為 __ 個月租金，金額為 __ 元整（最高不得超過二個月房屋租金之總額）。承租人應於簽訂本契約之同時給付出租人。

前項擔保金（押金），除有第十二點第三項及第十三點第四項之情形外，出租人應於租期屆滿或租賃契約終止，承租人交還房屋時返還之。

六、租賃期間相關費用之支付

租賃期間，使用房屋所生之相關費用：

（一）管理費：

☐由出租人負擔。　　☐由承租人負擔。

房屋每月 __ 元整。　　停車位每月 __ 元整。

租賃期間因不可歸責於雙方當事人之事由，致本費用增加者，承租人就增加部分之金額，以負擔百分之十為限；如本費用減少者，承租人負擔減少後之金額。

☐其他：__。

（二）水費：

☐由出租人負擔。　　☐由承租人負擔。　　☐其他：__。（例如每度 __ 元整）

（三）電費：

☐由出租人負擔。　　☐由承租人負擔。　　☐其他：__。（例如每度 __ 元整）

（四）瓦斯費：

☐由出租人負擔。　　☐由承租人負擔。　　☐其他：__。

（五）其他費用及其支付方式：__。

七、稅費負擔之約定

本租賃契約有關稅費、代辦費，依下列約定辦理：

（一）房屋稅、地價稅由出租人負擔。

（二）銀錢收據之印花稅由出租人負擔。

（三）簽約代辦費 __ 元整。

☐由出租人負擔。　　☐由承租人負擔。　　☐由租賃雙方平均負擔。　　☐其他：__。

（四）公證費 __ 元整。

☐由出租人負擔。　　☐由承租人負擔。　　☐由租賃雙方平均負擔。　　☐其他：__。

（五）公證代辦費 __ 元整。

☐由出租人負擔。　　☐由承租人負擔。　　☐由租賃雙方平均負擔。　　☐其他：__。

（六）其他稅費及其支付方式：__。

八、使用房屋之限制

本房屋係供住宅使用。非經出租人同意，不得變更用途。

承租人同意遵守住戶規約，不得違法使用，或存放有爆炸性或易燃性物品，影響公共安全。

出租人☐同意 ☐不同意 將本房屋之全部或一部分轉租、出借或以其他方式供他人使用，或將租賃權轉讓於他人。

前項出租人同意轉租者，承租人應提示出租人同意轉租之證明文件。

九、修繕及改裝

房屋或附屬設備損壞而有修繕之必要時，應由出租人負責修繕。但租賃雙方另有約定、習慣或可歸責於承租人之事由者，不在此限。

前項由出租人負責修繕者，如出租人未於承租人所定相當期限內修繕時，承租人得自行修繕並請求出租人償還其費用或於第四點約定之租金中扣除。

房屋有改裝設施之必要，承租人應經出租人同意，始得依相關法令自行裝設，但不得損害原有建築之結構安全。

前項情形承租人返還房屋時，口應負責回復原狀 口現況返還 口其他 　。

十、承租人之責任

承租人應以善良管理人之注意保管房屋，如違反此項義務，致房屋毀損或滅失者，應負損害賠償責任。但依約定之方法或依房屋之性質使用、收益，致房屋有毀損或滅失者，不在此限。

十一、房屋部分滅失

租賃關係存續中，因不可歸責於承租人之事由，致房屋之一部滅失者，承租人得按滅失之部分，請求減少租金。

十二、提前終止租約

本契約於期限屆滿前，租賃雙方口得 口不得 終止租約。

依約定得終止租約者，租賃之一方應於口一個月前 口 __ 個月前通知他方。一方未為先期通知而逕行終止租約者，應賠償他方 __ 個月（最高不得超過一個月）租金額之違約金。

前項承租人應賠償之違約金得由第五點之擔保金（押金）中扣抵。

租期屆滿前，依第二項終止租約者，出租人已預收之租金應返還予承租人。

十三、房屋之返還

租期屆滿或租賃契約終止時，承租人應即將房屋返還出租人並遷出戶籍或其他登記。

前項房屋之返還，應由租賃雙方共同完成屋況及設備之點交手續。租賃之一方未會同點交，經他方定相當期限催告仍不會同者，視為完成點交。

承租人未依第一項約定返還房屋時，出租人得向承租人請求未返還房屋期間之相當月租金額外，並得請求相當月租金額一倍（未足一個月者，以日租金折算）之違約金至返還為止。

前項金額及承租人未繳清之相關費用，出租人得由第五點之擔保金（押金）中扣抵。

十四、房屋所有權之讓與

出租人於房屋交付後，承租人占有中，縱將其所有權讓與第三人，本契約對於受讓人仍繼續存在。

前項情形，出租人應移交擔保金（押金）及已預收之租金與受讓人，並以書面通知承租人。

本契約如未經公證，其期限逾五年或未定期限者，不適用前二項之約定。

十五、出租人終止租約

承租人有下列情形之一者，出租人得終止租約：

　　（一）遲付租金之總額達二個月之金額，並經出租人定相當期限催告，承租人仍不為支付。

　　（二）違反第八點規定而為使用。

　　（三）違反第九點第三項規定而為使用。

　　（四）積欠管理費或其他應負擔之費用達相當二個月之租金額，經出租人定相當期限催告，承租人仍不為支付。

十六、承租人終止租約

出租人有下列情形之一者，承租人得終止租約：

　　（一）房屋損害而有修繕之必要時，其應由出租人負責修繕者，經承租人定相當期限催告，仍未修繕完畢。

　　（二）有第十一點規定之情形，減少租金無法議定，或房屋存餘部分不能達租賃之目的。

　　（三）房屋有危及承租人或其同居人之安全或健康之瑕疵時。

十七、通知送達及寄送

除本契約另有約定外，出租人與承租人雙方相互間之通知，以郵寄為之者，應以本契約所記載之地址為準；並得以
□電子郵件 □簡訊 □其他 ＿ 方式為之（無約定通知方式者，應以郵寄為之）；如因地址變更未通知他方或因 ＿，
致通知無法到達時（包括拒收），以他方第一次郵遞或通知之日期推定為到達日。

十八、其他約定

本契約雙方同意 □辦理公證 □不辦理公證。

本契約經辦理公證者，經租賃雙方□不同意；□同意公證書載明下列事項應逕受強制執行：

□一、承租人如於租期屆滿後不返還房屋。

□二、承租人未依約給付之欠繳租金、出租人代繳之管理費，或違約時應支付之金額。

□三、出租人如於租期屆滿或租賃契約終止時，應返還之全部或一部擔保金（押金）。

公證書載明金錢債務逕受強制執行時，如有保證人者，前項後段第 款之效力及於保證人。

十九、契約及其相關附件效力

本契約自簽約日起生效，雙方各執一份契約正本。

本契約廣告及相關附件視為本契約之一部分。

本契約所定之權利義務對雙方之繼受人均有效力。

二十、當事人及其基本資料

本契約應記載當事人及其基本資料：

　　（一）承租人之姓名（名稱）、統一編號、戶籍地址、通訊地址、聯絡電話、電子郵件信箱。

　　（二）出租人之姓名（名稱）、統一編號、戶籍地址、通訊地址、聯絡電話、電子郵件信箱。

貳、不得記載事項

一、不得約定拋棄審閱期間。

二、不得約定廣告僅供參考。

三、不得約定承租人不得申報租賃費用支出。

四、不得約定承租人不得遷入戶籍。

五、不得約定應由出租人負擔之稅賦，若較出租前增加時，其增加部分由承租人負擔。

六、出租人故意不告知承租人房屋有瑕疵者，不得約定排除民法上瑕疵擔保責任。

七、不得約定承租人須繳回契約書。

八、不得約定違反法律上強制或禁止規定。

附件 填表日期 年 月 日

房屋租賃標的現況確認書

項次	內容	備註說明
1	□有□無包括未登記之改建、增建、加建、違建部分： □壹樓 __ 平方公尺□ __ 樓 __ 平方公尺。 □頂樓 __ 平方公尺□其他 __ 平方公尺。	若為違建（未依法申請增、加建之建物），出租人應確實加以說明，使承租人得以充分認知此範圍之建物隨時有被拆除之虞或其他危險。
2	建物型態：_____。 建物現況格局：__ 房（間、室）__ 廳 __ 衛□有□無隔間。	**一、建物型態：** （一）一般建物：透天厝、別墅（單獨所有權無共有部分）。 （二）區分所有建物：公寓（五樓含以下無電梯）、透天厝、店面（店鋪）、辦公商業大樓、住宅或複合型大樓（十一層含以上有電梯）、華廈（十層含以下有電梯）、套房（一房、一廳、一衛）等。 （三）其他特殊建物：如工廠、廠辦、農舍、倉庫等型態。 **二、現況格局：** （例如：房間、廳、衛浴數，有無隔間）。
3	車位類別□坡道平面□升降平面□坡道機械□升降機械□塔式車位□一樓平面□其他 __ 。 編號：__ 號□有□無獨立權狀。 □有□無檢附分管協議及圖說。	

項次	內容	備註說明
4	□是□否□不知有消防設施，若有，項目： (1)____(2)____(3)____。	
5	供水及排水□是□否正常。	
6	□是□否有公寓大廈規約；若有，□有□無檢附規約。	
7	**附屬設備項目如下：** □電視 __ 台□電視櫃 __ 件□沙發 __ 組□茶几 __ 件□餐桌 __ 張□餐桌椅 __ 張□鞋櫃 __ 件□窗簾 __ 組□燈飾 __ 件□冰箱 __ 台□洗衣機 __ 台□書櫃 __ 件□床組（頭）__ 件□衣櫃 __ 組□梳妝台 __ 件□書桌椅 __ 張□置物櫃 __ 件□電話 __ 具□保全設施 __ 組□微波爐 __ 台□洗碗機 __ 台□冷氣 __ 台□排油煙機 __ 台□流理台 __ 件□瓦斯爐 __ 台□熱水器 __ 台□天然瓦斯□其他 __ 。	

出租人：_____（簽章）

承租人：_____（簽章）

不動產經紀人：_____（簽章）

簽章日期：_____ 年 _____ 月 _____ 日

外國產業的智慧轉化　　　　　　　　　　　　　　COLUMN 02

老建築的新舊融合——漢堡易北愛樂廳

甫於 2017 年 1 月開幕的漢堡易北愛樂廳（Elbphilharmonie），是建築與音樂的完美結合，前身為儲存可可、煙草和茶葉的碼頭倉庫，經由建築師巧手設計後成為充滿現代感的嶄新音樂廳，以獨特外型驚艷全世界！

易北愛樂廳的所在地 Sandtorhafen，幾世紀以來皆為工作港口區域，於 1875 年建造了漢堡最大的水上倉庫，只可惜重創於二戰的砲火之下，重建後成為存放物品的倉庫，但隨著港口蕭條，於 90 年代逐漸處於半荒廢狀態，為了讓舊建築重新被利用，瑞士赫爾佐格和德梅隆（Herzog & de Meuron）建築事務所規劃將碼頭倉庫轉變為文化場所，從動工到正式對外營運整整歷經十年。

Herzog & de Meuron 代表作如泰特現代藝術館（Tate Modern）和被稱為鳥巢的北京國家體育場等，擅長建築活化，他們將倉庫空間作為音樂廳的停車場使用，並於舊倉庫上建造高達 110 公尺的玻璃帷幕建築，突顯出新舊對比的獨特魅力。如波浪起伏般的屋頂造型呼應漢堡的海港城市風情，包含音樂廳、飯店、住宅公寓和公共廣場（Plaza），讓整棟建築成為一完整的藝術作品。

精心設計成就璀璨建築

從易北愛樂廳的主要入口進入，長達 82 公尺的扶梯（Tube）彷彿看不到盡頭，帶領大家穿梭於具流動感的空間之中，通過大型全景窗口和手扶梯後，可來到位於舊倉庫和玻璃建築之間、高達 37 公尺的公共廣場，沿著兩側向外的環繞步道散步，可 360 度欣賞港口和易北河的壯麗景色。

大音樂廳（Grand Hall）是易北愛樂廳的核心區域，擁有 2,100 個座位，將藝術家和管弦樂隊的舞台置於音樂廳中心，覆蓋在牆面上的 The White Skin 是由上萬塊特製的石膏纖維板組成，借助懸掛於天花板中間的反射器，可將聲音擴散到大音樂廳的每個角落，這是由 Herzog & de Meuron 和聲學大師豐田泰久（Yasuhisa Toyota）合作打造，力求完美呈現最佳的聆聽體驗。

圖片提供 _Elbphilharmonie 攝影 _Thies Rätzk

易北愛樂廳的外觀常被戲稱為玻璃盒子或玻璃皇冠,凹凸起伏如水波紋般的玻璃外牆有多種變化,高達上千塊的弧形玻璃為量身訂作,為了經得起極端天候,還通過多項壓力、重物撞擊測試,不同玻璃面板可單獨亮起,並映照出天空、雲朵與24小時不斷改變的城市圖像,有如巨大的玻璃工藝作品。易北愛樂廳將漢堡的音樂生活提升到嶄新高度,並經由傳統和現代的結合,將一個舊倉庫改造成新地標,將繼續閃耀於易北河畔。

漢堡易北愛樂廳(**Elbphilharmonie**)———————

建築設計概要

· 瑞士建築設計團隊 Herzog de Meuron 負責設計

· 原本預估將花上 7700 萬歐元,四年的時間建造,然而由於過程中歷經波折,面對資金及承
  包商的法律問題等,原本計畫的工程一再遭到拖延,最後耗時近十年的時間,斥資高達 8.66
  億歐元,這座音樂廳才終於順利落成。

CHAPTER 4

DESIGN
經營細膩奠定根基
經營的軟實力

LESSON
10

管理不可忘 1：
資金準備與金流

關於經營，其實從還沒有開店前就已經開始了！包含需要準備多少創業金，以及如何運用，還有在實際開店後，如何掌控金錢流動，都是相當重要關鍵。可千萬別因為店小，就忽略帳本管理，當從實際運作發現資金不夠或是財務有問題時，多半都已經回天乏術。

創業資金可不見得只能傻傻存

「想創業！」這樣一句話，你已經講了多久了呢？是不是總一直因為覺得錢不夠而踟躕不前？那麼創業應該只會離你愈來愈遠！大和計畫負責人、大和頓物所所長 PAUL 提到：「創業，必須準備好 40% 就要 GO 了！」不僅是開業細節，就連開業資金準備也是一樣。許多外人都認為大和計劃之所以可以在短短三四年時間內成功開創驛前大和咖啡館和大和頓物所，全都是因為背後有充足金援，不過，這個想法可說是大錯特錯。秉持親兄弟明算帳經營理念來看待創業，是出身製造業的 PAUL 經營服務業不變初衷，所以問他資金準備該要多少才夠，回答很簡單，就是「有多少錢做多少事」，但是可別因為錢而毀了進入業界的時機點。

青年貸款可作籌資選項

也就是說，若你已有創業企劃構想，預計想要開間 2 百萬可以打造起來的咖啡廳，請先試問自己：「準備好 50% 的資金了嗎？」如果你手邊已經為

▲創業資金怎麼算？輕鬆貸方案報你知。

創業存好約 50％的創業金，還差另外一半的資金，那麼不妨優先嘗試申請青年創業貸款式的借貸管道。

多數創業者都會認為辦埋青年創業貸款不僅手續繁瑣，又不易通過審核，還未嘗試就先打退堂鼓；但是其實若你是設立未超過 3 年的公司行號股東，年齡又介於 20～45 歲之間，可以直接到有辦理青年創業貸款的銀行填寫表格和創業貸款計劃書，經審核同意後，大約只要 1～2 個月的時間，就可以成功拿到貸款款項了。多試幾家，找對人、找對銀行，沒有什麼不可能。

但是**先後順序可要搞清楚，申請青年貸款前必須先開業才行**。根據起初投資資本比例加以試算可貸金額，青創貸款的比例不能超過總資本額的 50％，換句話說，創業資本額 100 萬的話，最多可以透過青年貸款獲得 50 萬的貸款額度。

四種常見政府創業貸款

	企業小頭家貸款	青年創業貸款	青年築夢創業啟動金	各縣市青年融資貸款
貸款最高額度	新台幣500 萬	新台幣100 萬	新台幣200 萬	新台幣100 萬（台北市產發局為例）
貸款年利率	約 4% 左右	約 2.5% 左右	約 2% 左右	有利息補貼，等於零利率
年齡限制	無	20 歲到 45 歲間的青年	20 歲到 45 歲間的青年	1. 設籍台北市之中華民國國民，年齡在 20 歲以上 65 歲以下 2. 於台北市辦理公司或商業登記之中小企業公司或行號。
說明	不需公司登記亦可申請（商業或營業（稅籍）登記亦可），但須為員工人數未滿 5 人之營利事業。	1. 公司設立須滿半年但未滿 5 年，並且有實際營收。 2. 核准之後還款信用良好可以申請一次續貸，最多申請兩次。	優予核貸對象發展在地農業、水土保持、觀光民宿、文化創意、綠色永續、在地照護、在地教育或公平數位機會等。	1. 經營免辦理商業登記之小規模商業，並有稅籍登記。

表格整理：漂亮家居

信用貸款當作轉圜

金錢觀念清楚的話，可以快速發現，若是手邊沒有些許資金的話，那就不可能申請青年貸款了！沒錯，除了最常見的向家人、朋友借貸的方式之外，還有一個考量就是以個人身分向金融機構貸款，等到開業後再申請青年貸款。畢竟後者的利率較低，對於創業者來說，相對負擔可減少。

創業資金怎麼規劃才適當

創業的四大基本要素：人力、財力、物力以及資訊中，一般想創業的人大多是缺乏「財力」要素。透過前述概念，不論資金來源是自備款還是借貸，想要創業成功，還是要有成本觀念和好的財務規劃，才不會死在沙場上。以下就透過簡單的公式，讓大家可以一目了然。

創業資金＝開辦費用＋營運周轉金（三個月）＋準備金（三個月）

＊開辦費用：讓事業能啟動營運所需支出之所有軟硬體費用。

＊營運周轉金：讓事業能營運所需支出的一切費用（固定管銷加上營運支出之變動成本）。

＊準備金：事業停止營業所需支出的固定管銷成本（例如房租、薪資、水電等基本管銷）。

以下就提供一個簡單的分析表，讓創業者可以快速辨別創業資金是否充足。

例如，想要開辦一個 30 坪大的咖啡廳，開辦費用 50 萬，日營業額設定在 1 萬元，每月固定管銷假設為房租 3 萬、薪資 6 萬、水電 1 萬，每月支出就需要大約 10 萬。日營業額 1 萬月營業額為 30 萬，毛利率假設為五成，則進貨成本約為每月 15 萬元。所以每月的營運周轉金大約為固定管銷 10 萬元加上進貨成本 15 萬元，約為 25 萬元。

所以創業資金＝開辦費用（50 萬元）＋ 3 個月營運周轉金（75 萬）＋ 3 個月準備金（30 萬），總共 155 萬元。

不過，可以發現許多創業者普遍來說自行估算的創業資金都偏低，因而每當創業初期營運不如預期時，或者是發生一些突發狀況時，常會出現捉襟見肘、資金短缺的窘況。應當穩紮穩打，就如同上戰場前，做好完善的沙盤推演，才能百戰百勝。

第一次創業，預算規劃真的很難精準到位，尤其選擇老屋空間，前期空間裝潢費用若不注意很容易失控，有許多隱藏成本是在無創業經驗前不太可能思考到，鬧工作室品牌創辦人 Monica 在規劃創業資金方面，只能說計畫趕不上變化，當租下五層樓的透天老屋後，以及日後以空間創業為核心的經營模式，估算資金需要新台幣 4 百萬元，最後增資了兩次，第一次是輕忽了前期裝潢的時間及老屋屋況，第二次則是調整營業項目，擴大了 Café 的比重，故在廚房規劃、人力成本、教育訓練投入成本增加。到了正式營業後，根據客人反應及各項目營收的反饋，也在調整品牌定位及商品價格。

創業在不同階段各有挑戰，資金的充裕度絕對是支持這個創業結晶能走多遠的關鍵，但第一次創業缺乏經驗，在決策的當下不一定能做出適合的決定，她分享在裝潢期時，希望在裝潢免租金期間完成裝潢，但希望能盡可能縮短裝潢時間，於是請設計師也是共同創辦人的胡漱寵，沒有完整圖面的情況下在現場直接調度工班進行，難免會出現為整體協調好或做錯要拆掉重來的成本，事後檢討，當時想省租金，卻多出幾次拆除重做衍伸的工料成本，不見得划算。壓縮前期設計時間，是商業空間設計常有的情況，但若是委外設計，建議還是要按部就班給予每個階段充分的時間進行，以減少考慮不周導致不斷調整而產生的額外花費。

TIPS

只是加減遊戲的話，並非管帳。
著眼成本管理，才是關鍵。

別在硬體面瘋了頭

開業初期的裝潢費用建議最好控制在一定的範圍以內，若是店鋪生意，最好的範圍是控制在創業成本的 30％ 以內，雖然某些生財器具對營運非常重要，但是若非使用頻率高，初期還是最好用租的，或購買二手貨，減少創業初期的財務負擔，等到日後獲利穩定、客源也固定後，再評估逐漸添購都不遲。

現場金流控管千萬別看表面

許多創業者之所以最後無法持續，最大的問題都來自於小看了現場金流的重要性。畢竟要是經營是件容易事的話，人人應該都已經和老闆說掰掰而自行創業了。有許多「看起來」生意興隆的咖啡館、餐廳之所以突然倒閉，很多時候隱藏問題就來自於不懂得理帳，或者僅是僅從表面觀察，一昧地開源節流，在未釐清金流狀況下就從看似佔比較高的人事成本進行刪減動作，不自覺中變成惡性循環的店家了。

錯！零用金之外盈餘就拿去存

很多創業者總覺得店舖規模也不大，理帳一定不複雜。每天就放個五千塊在收銀機裡，可以讓店員當作零用金、付帳款，所以每天只要扣除零用金，就可以把盈餘計算出來，隔日再把盈餘拿去銀行存下來就好！

表面上看來似乎沒有問題，實則不然。因為理帳不僅是加減遊戲而已，進貨後是否有確認物料數量、庫存是否過多或太少，當老闆不關注成本狀態下，只是一昧地看進帳現金，也許忽略了已有兩萬元成本堆在倉庫裡，而根本沒有人注意到，訂貨量依舊，那麼創業資本已經在無形中開始流失。

錯！砍比重高處開源節流

每當財報出現問題，報表一攤開大多的老闆都會從比重最高的下手刪減。但是，小型店舖往往在數字上佔比最重的就是「人力」。大和頓物所所長PAUL 提到，員工可是店舖的核心，透過完整教育訓練、品牌價值建立下才得以成為品牌與員工的聯繫，若此時只是一昧從員工薪資、福利開始省起，只會產生人員流失、服務下滑的惡性循環。

一來，請兼職人員有可能會花上更多訓練成本，而這些流動對於客人來說都是損耗，因為大家都希望接受最完好的服務，沒有人想要成為被服務的白老鼠，所以如何讓員工達到最大貢獻度，才是開源節流時思考人事成本的重點。

零用金、零找金分開計算

　　想要妥善管理現場金流，首要之務就是以合理固定金額為中心思考，將店內現金分成零用金和零找金。前者是店內需使用現金的支出，後者則是收銀機內零找的金額。如此一來，變動的金額就只有收進來的錢了。交班時可以先把零用金、零找金結算清楚，然後再點收實際收進來的金額（包含信用卡、現金等等）。

　　為了方便管理也可以使用雲端系統管理，例如從零用金拿了多少錢做了什麼事，全都記錄在雲端中，如此一來即可一目了然。而為了方便帳目管理，和合作廠商也建議以月結方式計算帳款，不但省下許多問題，也可以讓帳目更有章法。最大的優點就是店舖內不需要放太多現金，管理可以更明確。

TIPS

節流：營業時間是否要縮短？某段營業時間是否沒有效益？

開源：創造市場！觀察可創要營業效益的時段

LESSON
11

管理不可忘 2：
人力管控與教育訓練

開店的真本事不在於成功籌措資金、找到完美店面，最重要的是開店之後要如何經營得長久，並且抵擋過一波波金融風暴，在與許多經營者細談後，可以發現關鍵決定因素在於有夢要如何實踐，並且領導一群人和你無懼風雨的坐在同一條船上。

　　講實在話，經營店鋪的風險極高，外在環境變化因子多，再加上客人喜好也不斷在改變，然而在無法確切控制外在因素下，如何減低內在因素影響相形之下又顯得格外重要，畢竟，掌握自己能夠控制的變化因子，把創業夢做好做滿，就是經營者的真本事了！

　　通常光顧店家後，第一個影響你給分標準的環節會是什麼？可能不是掏錢就能解決的裝潢，而是與客人直接接觸的「員工」。舉咖啡廳為例子，現今大小咖啡廳如同雨後春筍般冒出，有連鎖咖啡廳、手沖專業咖啡廳、文青咖啡廳，種類繁多不勝枚舉，但是仔細觀察一下，那些你去過一次就不會想要再去的店家，應該普遍都存在著一個問題─「員工沒有認同感」。一踏進店內，盡是沒有生氣、沒有活力的店員，可能還會看見有些人還在滑手機，冗員眾多，這也是影響店鋪氣氛的關鍵因素，不僅是來店客人感受，就連一同工作者也是！

　　而這個問題的根本源頭，來自老闆。

▶員工有無活力，可能
直接影響店鋪成功與否。

圖片提供 _ 中村功芳

人員設定 影響成本與獲利

設計裝潢是死的，人員卻是活的！在如此競爭的創業市場中，已不再是從前打造一處華美莊園，就會留下客人的時代，老闆們該思考的是如何和客人互動，讓客人真正愛上這間店。大和頓物所所長 PAUL 就以他自身經驗表示：**「想要賺錢的店鋪，必須從設計店鋪前就把員工人數考量進去。」**原因很簡單，人員數量影響到店鋪設計規劃、銷售產品品項，舉例來說，產品設計若只是單純期盼換桌率高帶來高營業額，卻未事先將吧檯規劃成可容納 3～4 人大小，屆時就算聘請 3～4 人做內場、沖咖啡，也勢必會造成冗員問題，更是增加無謂的成本負擔。

所以他簡化此概念表示，除非店鋪坪數真的過大，否則他在開業支出的人員設定皆以「兩人」為主。理由就和「由奢入儉難、由儉入奢易」的道理相同，人都是有惰性，起初若招募過多員工，不僅員工無法快速累積實務工作經驗，讓店鋪營運上軌道，加上冗員問題還可能降低店內員工的工作氣氛，有損無利。

適當的實際工作經驗培養後，管理者的工作在於觀察員工的工作負荷度是否超量，若有超量問題必須及早安排人力，以大和頓物所、驛和站前咖啡館兩個店鋪來看，雖然位置數有 20 ～ 30 個不等，但是透過適當的點餐後先結帳的安排，降低吧檯人力需求，平時皆只需要 2 位員工即可應付來客量，例假日再搭配一位員工，在總數 3 位的情況下，不僅人人工作內容實在，也因熟悉工作環境，在與客人互動過程中更是讓經營者毫無掛慮。

管理方式 影響人力情緒

俗話說得好，「帶人要帶心」，這句話究竟有幾分真、幾分假呢？若真要說的話，可信度可能也有 50％吧！因為端看管理者魅力為何，若你是擁有高度管理者魅力的人，也許只要登高一呼，員工就會義無反顧地替你打天下，但是，在看過這麼多商場起伏之下，PAUL 很明白清楚的認知到「經濟時代下，還是不得不顧足『薪資』這塊重要環節」。

領導者魅力

這一點是個強求不來的個人特質，像是已故蘋果創辦人賈伯斯就是一個絕佳例子，當他站在台上說話時，你也許就會不由自主地被他吸引，或許因為崇拜而期盼進入蘋果相關企業工作。所以當你擁有這樣的能力時，也許你也可以招攬到一批願意跟你打拼的員工。

若我們細究其魅力來源，除了個人談吐魅力之外，不外乎是一張「未來藍圖」。有了這張藍圖，不僅給予員工清楚的未來想像，也是讓你自己擁有一個未來。說清楚三五年後的品牌走向、對員工的生涯規劃，有企圖心的員工就會自行設定達成方式，並且為其而努力。他們不再只是為了領每個月的薪水而來上班，還有一個清楚的目標，所以當你可以給出愈清楚走向終點的藍圖時，員工的正面工作情緒也會隨之提升。

薪資福利

沒有過人的領導者魅力，也沒關係！從會顧好員工溫飽的現實面著手也沒有問題。

每位員工的薪資可以依據職位不同做規劃，但是可別讓薪資成為白年不動的數字。台灣業者，尤其餐飲業，多愛採取招聘計時工讀生的方式取代正職員工，其實短程來看也許省下了福利配給，但是就長遠角度來說，絕對是弊多於利。因為工讀生來去自如，對於品牌沒有向心力，又何須過度努力。

所以建議業者可以清楚替員工訂立一個年度的調薪幅度，更在調與不調之間建立好公開且透明的規章，甚至想要讓員工有拼勁，也能假設工作超過兩年就會有職務或薪資上相對調整，加強員工對內的向心力。

切記，留人絕對比不斷培育新人來得更省成本、具效力，且不看門市營運狀況，光是省下的教育訓練成本、可累積穩定客源都是經營者擁有的無形價值。

像在屏東開業，廣招當地人才進入品牌的大和計畫，不僅創造了當地工作機會，讓在地人可以留在家鄉生活，同時也給予良好、適切的薪資福利待遇，在員工也認同品牌價值情況下，不僅自烘豆也會自己買回家品嚐、送人，和客人互動起來更多了一分在地溫情。

教育訓練 從中學習品牌價值

錄取新員工之後，首先務必要進行新訓和初期教育，經過統計，2周內離職的員工與入職溝通有關，3個月內離職，則與不能適應工作內容與環境有關，而仔細推究這些都與教育訓練確實度有著息息相關性。

Point1：避免差異化教學

一般店鋪的教育訓練多半採取師徒制，在第一天上班之際就請一位資深員工帶著新人做事，進行經驗傳承，但是這其中卻有個隱藏性問題，若是固定訓練人員還好，但是若是 A 資深員工和 B 資深員工教得不一樣，又或者是每個人注重的細節流程不同，那可能也就間接地造成了標準不一，或者是團隊工作默契上產生問題。

所以，建議可以從一開始就設定教育訓練規章：品牌理念、人事規章、財務報表、工作流程、清潔規範、服務模式等等，針對資深員工訓練教學指導，如此一來就可以確保在有新進員工進入你的店裡時，組織也能夠快速加以反應。

Point2：避免無變化模組

許多店鋪的教學模式總是墨守成規，讓許多在第一線工作的員工即便發現問題也不敢抵制體制。因此就像是 PAUL 所提及的，員工之間互動式相處、管理也很重要。今年開創第二品牌的小和山谷亦是如此，由於夫妻倆勇於和員工表明自身專長並非管理，加上第一線服務客人的人員是員工，所以若有任何問題都可以踴躍提出。當然，此話可不能只是掛在嘴邊而已，他們積極和員工舉行檢討會議，大到經營方向、小至推出餐點品項內容都是管理者和員工可以一起互動、討論的話題。

也因如此，日積月累下，員工從根本認同品牌的創業核心價值，不僅會變幻成自身的故事跟顧客分享，甚至也會從與顧客互動中，發現某些食材接受度不高，是否要考慮移除以降低成本等等，這或許已經不同於起先教育訓練中所學，但是可變動性的互動方式，也是品牌可以日益趨向美好的可能因子。

TIPS

人員是創業的重要因子，
領導他們追求企業品牌核心價值，
就是根本成本上的獲利。

老闆定位

最終，不得不再拉回到老闆、管理者的角色來做結語。在第二章〈確認你的準備已到位〉中我們已經提過了，想要創業開店，就必須增加自己在此領域的相關知識，避免開了間咖啡廳，卻不會煮咖啡、不會經營管理，單純地只是想要開店圓夢，當店鋪遇到問題後，只好亂無章法，絲毫不知道如何解決。如此一來，員工也會感到無所適從。

但是，更要提醒創業者的是，作為一個創業者，就必須清楚自我角色定位，不能因為喜歡煮咖啡，就成天待在吧檯內沖咖啡，因為外場才是決定勝負的關鍵地點，若你不抽身，就無法觀察到員工和顧客的應對是否合宜、店內動線是否恰當，員工是否有任何情緒不滿等問題，這些問題都有可能影響到往後店鋪營收與走向，所以與員工站在同一陣線很好，但是你也必須適度和員工保持距離，並且懂得適時抽身，管理好經營理念、中心思想，並把它放在重要的位置，而不是讓員工誤認為沖好一杯咖啡就是最高尚的成功，讓每個員工總認為學會沖咖啡後，就想要自立門戶。

把握好自己店鋪的中心思想，並傳遞給員工，這樣一來才有可能形塑品牌，進而永續經營。

LESSON

12

管理不可忘 3：
商品定調與開發

　　不管銷售任何產品，要打造獨樹一幟的品牌，讓品牌形象擄獲消費者的心，進而創造商業價值，「產品力」是最基本的要素。

要談創業時的商品定調與開發，就不得不先瞭解何謂「產品力」？

　　產品力可以有兩種解釋：一是創業者或開發者推出貼近顧客需求的產品、服務之能力；二是業者推出的產品、服務受消費者所肯定的程度。

　　簡言之，產品力足夠，代表產品或服務品質佳，有足夠的競爭力或不可替代性，故可以創造商業價值。倘若發揮成功的產品力，甚至可以改變消費者既有的使用習慣，轉而選擇新商品，比方說，輕巧便利的 iPod，便讓人們聽音樂時，揚棄了笨重的隨身聽。

跳脫既有市場，開創獨特性

　　倘若本身的產品力不足，無論行銷包裝的手法再怎麼出色，目標客群發現產品的問題，只是早晚的事情。許多產品來得快，但去得更快，正是因為最根本的產品力不夠有競爭優勢。

▲一家店的產品優勢為何，是創業者不可不思考重點。

　　至於影響「產品力」的因素，其實相當複雜，比方說產品外觀與內部設計、功能，甚至包括價格皆然。我們就以在台灣的自創品牌中，算是產品力一流，並在世界舞台崛起的「阿原肥皂」作為例子。

　　肥皂業，看似是進入門檻不高的一行，競爭者也不少，又被多芬（Dove）、儷仕（Lux）等國際品牌已經吃掉多數的市佔率，為何較晚發跡、品牌知名度理應相對低的阿原，卻能夠殺出一條血路？為何成功開發出優良的產品並被市場所接受呢？因為，雖然看來同是肥皂業，但是阿原跳脫出一般肥皂的品牌訴求，以女性注重的美容、保養為主要品牌訴求，標榜的是「健康、自然」，加上製作肥皂的原料完全自給自足，品質完全自行掌握，給予客人安心有保障的品牌信念。

　　此外，阿原肥皂有獨特的生產技術，像是特殊的成分、調配比例，這些正是它獨特的產品力。不僅是獨立開發產品的創業者需要注重「市場區別性」，就連以服務為主導的旅宿業者也不例外，像是從 2013 年進入古民家空間創

業的株式會社有鄰代表取締役犬養拓即表示，近 2、3 年來日本掀起一股翻修古民家再利用的風潮，加上政府也推薦業者有效利用現有的資源創業，因此古民家餐廳、咖啡廳、住宿設施等如雨後春筍般出現，但是古民家的再生利用，最重要的是要事先建立明確的目標和概念，這樣才能不會被風潮帶著走，流於市場區隔度低的品牌，絕對經不起市場考驗、容易被取代。

結合時下潮流，創造需要度

在老屋新生創業風潮已經風行 10 年之久背景下，很有可能不論你想利用老屋空間做什麼，都已經有前人已經做過了！但是並非有人做過了，就必須放棄重來，而是應當如何在自己的店鋪中找出可以銷售，且讓客人具有期待感的商品特質。

所謂「無中生有難」，卻也是較容易創造亮點的商品定位考量。就讓我們舉例來看，由台灣業者研發、產品力備受關注的案例─「空氣盒子」（EdiGreen AirBox）環境感測器。

因為近年來，空氣品質急遽下滑，霧霾、PM 2.5 等空汙議題深受國人所關注，不時便會聽到新聞媒體報導指出，某些地區的空氣品質又「紫爆」了。口罩、空氣清淨機等抵禦髒空氣入侵的產品開始熱銷，但是該品牌並非一昧地開創相關高科技口罩或是空氣清淨機，而是提供實體監測器材空氣盒子給一般民眾，利用科技、雲端的現代人使用習慣創造出「空氣盒子」。

運行方式是感測 PM 2.5（細懸浮微粒）、溫度、濕度等攸關空氣品質的資訊，並將收集到的資訊上傳至雲端平台，整合 Google Maps 地圖，使用者便能透過網頁或手機 App，隨時偵測到各據點的空氣品質。

不僅因應環境問題有顧客消費需求，也因為和其他產品有差異度，開創出自有市場。

從自身著眼，發現客人需求度

值得一提的是，不論是阿原肥皂或是空氣盒子，之所以得以問世，都是源於創辦人本身或身邊親友的需求。

阿原肥皂創辦人江榮原是因為大病一場，全身長滿莫名的疹子、暗瘡，藥石罔醫，直到使用手工肥皂後，病情才轉趨穩定，這段經歷鼓勵他從手工肥皂的「使用者」升級為「製造者」。空氣盒子則是創辦人陳伶志不忍年幼的愛子深受氣喘之苦，為了避免空汙戕害兒子一生，便嘗試研究空污變化模式，找出根本解決之道。

這兩個案例，也完全呼應前面所說的，產品力是「創業者或開發者推出貼近顧客需求的產品、服務之能力」。產品力愈高，愈能解決顧客的問題、滿足顧客的痛點。

讓產品記憶停留在最美好時刻

除了本身產品設定外，大和頓物所所長 PAUL 史表示，店舖整體設定也會左右產品力。

這就是管理學中所提到的峰終定律（Peak-End Rule），比如說做這樣一個實驗，讓兩組人聽相同時間的強噪音，然後 A 組停下來，B 組接著再聽一段時間的弱噪音。照理說，B 組的人比 A 組的人受了更多的折磨。但是結果卻是 B 組的痛苦指數要低得多，這個結果就是「峰終定律」起了作用。峰終定律

為經濟學打開了另一扇假設之窗。而定律的發現者心理學家丹尼爾·卡恩曼（Daniel Kahneman）獲得了 2002 年度的諾貝爾經濟學獎，最終這個定律甚至影響到了管理學者，為企業管理者打開了一扇新窗戶，那就是：「**重點管理他們的峰終體驗！**」

　　換言之，以咖啡店經營管理為例。店鋪裝潢設計讓客人有了美好想像，燈光、書籍、音樂的搭配讓他們心情愉悅，而後用到了一份美味的輕食或咖啡後，客人對於此品牌整體認同感達到高峰，若是此時客人結束本次消費體驗，那麼獲得的評價會是高的。但是若是客人可以無限時的在店裡坐著，那麼他們可能開始滑手機、想事情，並無法整體投入在店家所提供的氛圍環境，最後走出店鋪的記憶將不再是那杯美味咖啡，可能是自己腦子裡苦惱許久的問題。

　　從此概念來看，設定用餐時間也許是對的，但是並非絕對，經濟學假設人是理性的，峰終定律說人是感性的，店鋪設定初衷若是想開的是一間讓客人有如回到家般可以恣意放鬆的空間，那麼就要企圖營造能夠讓顧客待上五小時也應該感覺很美好的店鋪。

　　比如，在宜家購物有很多不愉快的體驗，比如只買一件傢具也需要走完整個商場、比如店員很少、比如要自己在貨架上找貨物並且搬下來等等。但是，顧客的峰終體驗卻是好的。一位客戶關係管理顧問（也是宜家的老顧客）說：「對我來說，『峰』就是物有所值的產品、實用高效的展區、隨意試用的體驗、美味便捷的食品。什麼是終呢？可能就是出口處那 10 元的冰淇淋！」這位顧問也是星巴克的老顧客。他說，儘管整個過程中有「排長隊」、「價格昂貴」、「長時間等待咖啡製作」、「不容易找到理想座位」等很多差的體驗，但是促使他下次再去的還是峰終體驗：峰是「友善而且專業的店員」、「咖啡味道」，終是「店員的注視和真誠的微笑」。

基於潛意識總結體驗的特點：對一項事物的體驗之後，所能記住的就只是在峰與終時的體驗，而在過程中好與不好體驗的比重、好與不好體驗的時間長短，對記憶差不多沒有影響。而這裡的「峰」與「終」其實這就是所謂的「關鍵時刻（MOT）」。從此角度來看，評估店鋪產品力也許也並非毫無依據，這樣的體驗消費也許也是現代人所追求的。

產品力與定價策略密不可分

產品力之所以重要，也是因為產品力牽動定價策略。不可諱言，價格和產品力其實是一體兩面的，合適與否的價格定位也是影響產品力的因素之一，也就是說，因為產品力愈吸引人，制定價格的影響力愈高。

以阿原為例，手工肥皂需要耗費的人力與製作時間，原本就高於一般肥皂，整體成本較高，也會反映在單價上，阿原肥皂強打「獨特產品配方與製程」的產品力，將目標族群鎖定「崇尚健康與自然，願意為此付出較高代價的消費者」，市場定位明確，所以儘管一顆香皂的價格動輒兩百元起跳，仍讓消費者趨之若鶩。

關於產品力與定價策略，我們可以簡單歸納如下：

一、顧客角度出發

以顧客需求為基礎，發揮既有的技術研發能量，推出能滿足顧客需求的商品或服務，才是理想的產品力。

二、跳脫價格戰迷思

產品力連帶影響定價能力，也是避免自己陷入價格戰的關鍵因素。

LESSON

13

管理不可忘 4：
網路與行銷

　　行銷對於創業來說，絕對是不可或缺的一環。不論是如雨後春筍般湧現的咖啡館、競爭力極大的旅宿業，除了有好的產品、優秀的服務、吸晴的裝潢設計之外，還要如何讓客人一開業就知道店鋪的存在？又要如何讓店鋪快速培養出熟客？就要做行銷！

　　不要以為行銷是萬能的，也不要以為行銷是無能的；不寄望於一夜爆紅，也不放棄這種一夜爆紅的美好願望。守正出奇，即使一直沒有爆紅，我們也能穩紮穩打，一步一個腳印的把行銷做好。

▲如何讓顧客知道自己，就是開店行銷的重要課題。

不諱言！行銷為了就是提升業績

所有行銷活動的終極目標都是——賺錢，這個無可厚非。如果不分解目標，那行銷就無從下手。每個公司都希望潛在客戶能通過網路主動找到自己，但這個前提是你能在客戶出現的地方做宣傳。如果公司行銷預算有限，甚至根本就沒有行銷預算，你就得把目標定的理性一點。話句話，簡單來說，行銷是為了提升銷售，也就是成交量。我們必須先了解何謂成交量：

成交量＝流量 × 轉化率

流量可以看成是門市的人流數量，想要提升業績，那麼人潮一定要先充足。而轉化率就是實際購買行為。透過行銷手法，可能是提升流量，也可能是提高轉化率，也有可能是兩者同時。不過普遍來説，提升流量的成本較高，但是想要保握轉化率則相對容易。而影響轉化率的因素也有多個，產品的品質、價格等，其中最關鍵的是用戶對你的信任度。所以若我們把行銷的理性目標訂在「提升信任度」，就比較容易實現，而且這也是創業者必須操作的。

客戶信任度，對於剛創業者來説恰恰是最缺乏的，因為沒有大公司、大品牌背書，沒有鋪天蓋地的廣告轟炸，怎麼讓客人看見一間小店鋪呢？你需要的是通過行銷，讓客戶感知到你很有實力。可能是透過網路上搜尋到有利的相關訊息，又或者是自己主動把資料放上網路與客戶進行溝通。

提升流量：口碑行銷

1. 網路文章分享

台灣人所處的東方市場中，是個人與人相處密切，相對而言，相信口耳相傳的機率就往上提升。所以新店開幕時，找寫手、部落格，甚至是媒體採訪都是方法之一，但是必須切記，這些效果都只是一時的，起初像是打了一劑強心針，但是總會有藥效過了的時候。甚至是在現今資訊量爆炸的時代下，資訊量可能會大到被淹沒，若是又毫無差異特色的話，在客人眼中可能淪為業配文。

簡單來講，網路口碑行銷必須要持續、長久，說白了就是在平常店鋪操作上必須要把細節作好，才有可能讓口碑一直維持在一定位置。

2. 自媒體行銷

除了被動等待採訪，以他人角度報導店鋪之外，其實也可以嘗試經營自媒體（FB、IG、Blog），成立和客人溝通的平台。也可以針對品牌形象、目標客層設計品牌網站，配合上述網路文章分享口碑行銷，客人一在網路上搜尋得到的結果很多，不僅有權威媒體的正面報導，還有品牌、產品等多方面的資訊，真實的網友正面評價、老客戶的現身說法，都能使得店鋪的價值提升，而這些基礎行銷模組，不僅有助於成交量，也會對公司日後品牌提升會有長期幫助。

攝影＿邱如仁

自媒體行銷實際案例
有記名茶
百年品牌投身網路行銷

　　早在1999年，有記名茶就設立網站，透過網路的無遠弗屆，傳播茶知識。第五代經營人王聖鈞說，有記應該是茶產業中最早開啟網路風氣的茶行。而在如今數位行銷趨勢下，有記更積極跨足社群軟體、網路平台作為宣傳及銷售管道，用自媒體使更多人了解茶葉背後的細節與學問，讓茶文化走入日常。

提升轉化率：熟客口碑行銷

在口碑行銷之後，創業者必須經營的就是熟客的經營。因為口碑行銷僅能快速地被客人認識、看到、找到，但是資訊爆炸情況下，每日大量客人來去，今天看見你的店鋪，也許明天又看見別人的店鋪，沒有情感連結之下，顧客的回流率將會降低。

大和頓物所所長 Paul 就曾提到，熟客不僅了解店鋪建造過程、員工經營的苦心，就連產品細節也都了解，可能會是店鋪對外發聲的窗口，雖然在初創業時，沒有老顧客意見作參考，但是當店鋪經營了一、二年後，店內在思考新產品時，不自覺地就會從老顧客是否喜歡著眼，也會順應老顧客提出的建議點進行更動。

這些顧客可能是創業初期（如同 P.103 Persona）設定的客層，也是真正喜歡你們店鋪氛圍的客人，經營他們的喜好，絕對可以創造更高的消費行為。

別忽略！口碑行銷的關鍵是「員工」

員工絕對會是你創業中的重要行銷管道。讓我們從連鎖咖啡品牌星巴克的例子來看，它之所以可以成功，原因就在於星巴克對於員工相當重視，把他們當成是重要的內部顧客，每個月一家店的單店業績，甚至接近到百分之十的營業額來自員工，有時候星巴克推出新品更是將近百分之五十是被員工買走。因為他們知道品牌的好，這件事就回到人員訓練這件事上了，店內的新品開發可能是全體人員一同進行，所以員工對於產品發售也會像是關愛孩子一般，他對產品有感情，進一步就會懂得如何和客人去闡述。

口碑行銷實際案例
小和山谷
和員工一同努力的後山品牌

攝影_徐佳銘

　　把員工當成家人的經營策略，從品牌設立構想到產品研發過程，全都讓員工參與，也廣納員工意見作為參考。久而久之，員工不僅可以自主面對顧客各式各樣問題，甚至也會主動提出建議，在構思產品時除了發揮自己的創意時，還會一併考量成本，成為品牌最佳代言人。

　　所以口碑行銷中該做的,不是請他們記好一套話術,而是讓大家一同參與,當大家都明白產品成本結構,大家都知道產品是被辛苦做出來的,那他在介紹時的故事語言張力,就絕對大有不同。

變化角度!產品本身自備行銷力

　　套用一個萬能金句:最好的行銷是沒有行銷!如果產品自帶行銷屬性,也就是產品自己會說話,賣出去一個產品就是賣出去一份廣告。若是沒錢做行銷,那不妨可在產品本身多動點腦筋,讓產品自己去傳播自己。像是如今坊間常見的「美麗產品」就是極佳例子。客人點了一份餐點後,就會打卡上傳IG,其他客人見到後又會循著照片找到店裡來,等於說產品本身就是行銷的一環。

　　就彷彿像是病毒感染一樣,當你獲得一個顧客後,這個顧客還會幫你帶進新的顧客。也就是說病毒係數大於1,客戶量就會有爆裂性增長,雖然這種成長率很難維持,卻是臉書、推特以及 WhatsApp 等消費性新創公司爆炸性成長背後的動能。如果病毒係數小於1,你就得不斷通過宣傳來獲得新客人,否則客人增長就會陷於停滯。

可以算算你的產品有著怎樣的病毒係數，有哪些方式可以提升病毒係數。優質的產品自己會自傳播，有故事的產品也會自傳播，能挑起話題的產品也會自傳播。從產品層面盡可能提升病毒係數，這是行銷的最高境界。

創業初期設想的行銷模式只是大方向，但實際營運之後必然會面臨許多微調。像是「Chaiwood 柴屋」原木設定買方是針對店鋪傢具採購，而價格不斐的設計傢具要能入列思考清單，必須要具備某些獲獎資格。為了達成目標，於是必須帶著傢具四處參展，甚至參加德國紅點、日本 G-Mark 等設計比賽。在幾次經驗下來，就能夠測試出哪些參展有效，而哪些參展對品牌的效益不大，可以割捨。行銷費用投注應該多少，與鎖定客群、品牌定位、預算多寡、行銷方法相關，每個品牌都不同。

TIPS

做品牌不同於做生意，
要做好品牌，
口碑行銷就是品牌最好的宣傳工具。
而做生意，就只是要賺錢而已。

LESSON
14

重點提點：
額外開銷與契約

　　想用老屋創業的創業者，想必對於老屋都存有著一股難以抹滅的愛意，但是最終營運還是包含了多樣現實層面，因此，多回歸現實觀看絕對不可或缺，可別一昧地喜歡老屋樣貌就快速簽約，卻忽略了裝修成本、營運人潮等等問題，種下往後未來經營的困難點。

　　小鎮資產管理有限公司代表人許書基表示，想要找尋老屋創業前提是，創業者必須和老屋屋主有共同願景下媒合才容易成功。除了必須對老屋有相同喜愛、經營概念，兩者對於空間思維一致性也很重要，如果在此面向未能達成共識，其實很容易出現承租後的額外開銷支出，對於創業者來說都是一大負擔。

選屋必須重視務實面

　　也許你的心中已有某種類型偏好的老屋型態，想當然爾，遇到喜愛的老屋真得很想承租下來，但是如果老屋屋主只想賺錢情況下，創業者將很難彼此合作，所以許書基建議，創業者不妨可以自己手中資金作為考量點，例如，只有100萬資金，但屋主傾向於出售或租金難以負荷時，就必須改從低投入的老屋開始著手。另外，還必須衡量物件狀況，例如小艾人文工坊雖然荒廢多年，但至少還有樓板，有些建築連屋頂、樓板都沒有，屋況需有基礎分數才好著手，當你看過多間老屋後，就會知道哪些適合自己。

▲選擇老屋時，不要一昧地看自己喜好的環節，有關現實層面的裝修。

　　許書基也說，其實每間老屋都很普通，經典的宅院早已成為古蹟或歷史建築，由政府維護。若將老屋簡單分類，A 咖為國定古蹟、B 咖是縣定古蹟、C 咖叫歷史建築，而小艾則是 D 咖老屋，無藝術價值、也沒有名人住過，卻是構成鹿當地港整體都市氛圍最重要的成分，因此別將老屋想得過於夢幻，重點還是應當在空間結構面適合開業，並且經濟成本可負擔下才可進一步洽談契約。

審定十大原則 再決定契約

　　「到底談到什麼程度，才能簽約呢？」很多人跟房東或是房仲看了房子，也初步溝通關於承租的相關訊息，但是究竟哪些「條件」非談不可呢？可絕對別輕忽了這些條件，一不小心可能就會讓你又要從荷包裡掏出金錢呢！建議判斷契約前不妨可依據以下十大檢查點來評估：

　　跟許多老屋經營者談過後發現，其中第三點、第四點又是他們提點必須特別留意之處。因為老屋不同新成屋若採取輕裝修的話，開業時間能相對提早，原則上老屋一定必須面臨到基礎工程、泥作、水電的裝修問題，動則兩三個月裝修時間，對於創業者來說都是成本，所以應當在簽契約前，或者是在契約上詳細註明實際支付租金的時間點，透過充分溝通，抑或可以節省下裝修期間的房屋負擔。

簽約前十大快檢表

1	月租金、押金、調漲幅度、違約金、管理費用、其他費用
2	商業登記、報稅、法院公證、實價登錄
3	租期（五年長約、都更）
4	裝修、清潔費用（折抵）
5	起租日、水電起算日
6	租期屆滿、復原程度
7	轉租限制、分租規定
8	附加物件（車位、傢具、家電）
9	付款方式（每月）/ 整年付，現金、票、轉帳）
10	仲介服務費用

租約長短 左右裝潢成本攤提

　　合盛太平經營者律瑩除了咖啡廳之外，也曾經營老屋修整的民宿空間，對於搜尋老屋空間可說是有十足經驗，她即分享自身經驗指出，老屋出租者的思考點五花八門，有些房東重點只在於想要有人藉由承租房子順帶修繕房屋，有些則不同，有如合盛太平咖啡廳老奶奶盼切承租者是真的喜好老屋而加以承租。若是前者房東的話，通常租期不願意拉長，但是對於經營者來說，沒有辦法獲得長期租約的話，很有可能無法攤提起初的裝潢設計成本、培養客戶黏著力，因此必須多加考量，建議至少租期都要有個 3 ～ 5 年。

　　不過，另外一方面問題點就在於「都更」問題，尤其老屋更有此困擾。都更是政府的都市重建規劃，租約在遇到此情形下就會失效，承租方必須在規定時間內搬離。台北許多老房都位在都更預定地上，但是由於都更成功率低，若是評估過成本問題後，還是可以考慮承租。只是可事先和房東溝通，若是遇到都更問題的話，有哪些賠償的辦法，可以彌補其中的損失。

裝修費用 確實負責人責任

　　雖然一般來說，裝修費用都是由創業者承租方負擔，不過也有些房東會承諾修繕到某個程度後再承租。若是遇到此狀況，創業者又比較希望可以全權自行處理的話（可能擔心房東找尋的工班速度不如預期、裝修內容不佳等等），建議可以和房東商討自行處理後再折抵清潔費或是修整費用的問題。

　　舉例來說，小和山谷起初在承租位於花蓮縣壽豐鄉的老屋舍時，就是清楚和屋主、仲介討論相關裝修費用與時間問題，成功獲得屋主延緩承租時間，但讓創業者可以先行進入施工、裝修，對於創業者來說，可是省下裝修期間（毫無收入可能）支出的利多消息。

特別提點
商業登記

假設要承租一個空間創業，一定要先搞清楚「商業登記」。所謂商業登記就是在政府資料中，已經明白地說明清楚，這間房子不是自用，而是營業用。市場上有許多空間是商業用途，但卻沒有登記、沒有報稅，也沒有登錄，所以建議承租前一定要確實瞭解相關「登記」資訊，確認營業項目是否與空間條件相符，才能有所保障。

不論是台灣或是日本，面臨老屋創業，首要之務還是必須先釐清相關法令問題，不論是能否開業、土地產權、裝修範圍，全都是創業者的事前功課。

法規問題事前釐清

老屋改造主要會面臨到的問題是法律上的限制。相關的建築法規涉及「建築法」、「都市計畫法」、「民法物權編輯土地法」等法令，建照的核發則牽涉到了合法問題、是否能作公眾使用、以及建物的修改建。不同時代、不同地區的老房子也各有其規定，先了解才不會在後續產生問題。

以法令來說，同一批房子若是有四十幾戶，要蓋電梯就必須要獲得這四十幾戶的同意。都會區的整建問題在於即使是單獨成棟，但是起初建造時同一批房子可能用的是同一個地號，例如一個地號裡有十棟房子，持份是這個地號的十分之一，不管是申請建照、變更使用執照等等，都要另外九人的同意。

相同的問題也出現在日本，株式會社有鄰代表取締役犬養先生表示因為日本對住宿設施法規相當嚴格，不僅規定衛浴設備數量，加上有鄰庵採取雙業種經營，白天為餐廳、夜間才是民宿旅舍的關係，所以連廚房周邊管線配線等都得注意，這也成為他們挑選古民家時的重要基準。

因為老屋是所有屋型裝修費用最高的，因為屋況較為老舊，在預算編列上應該以基礎工程及設備更新為主從裝修處，建議要多留意「裝修前停看聽，省下多餘開銷」三點，才能及早省下多餘開銷。

裝修問題還真不少

裝修，是承租老房創業中絕對必須思考問題！因為老屋不比新成屋，管線、設備皆已老舊，所以在承租前必須先充分留意前文提到之「裝修費用負責人責任」，以免事後造成多餘裝修預算負擔，像是鬧工作室品牌創辦人 Monica 分享自己創業中的「額外開銷」，就正是老屋的裝潢費用。

原先以為房東在出租前已經更換局部窗戶並全室重新粉刷，但實地進駐後發現很多原本並未發現的問題，像是部分窗戶嚴重漏水，雨排老舊破損導致壁面漏水，頂樓更有白蟻蟲害，由於這個空間除了商業用途，頂樓也將做為住家，不漏水無蟲害是基本一定要具備的，處理這些問題也衍伸不少費用，過程中也和房東溝通，屬於結構性問題的希望房東出錢解決，再繼續進行店面裝修，但這部分當時並未在租屋合約中加入，所幸房東相當明理，也多虧房仲居中協調，減少承擔改善房屋體質的費用。

圖片提供＿鬧工作室 攝影＿麥翔雲

老屋水電管路多無法符合現今需求，因此整修時多採明管設計，還要增加弱電系統及音源系統，重新規劃管線達到順暢並美觀，也是一筆不可小覷的費用。

裝修前停看聽，省下多餘開銷

1. 不建議承租 2 樓的物件	整棟大樓的排水管最容易出問題就是堵塞在 2 樓，需要花費比其他樓層更多的預算處理。
2. 設備廚具選國產	國產及進口的價差可以達數十佶，除非對質感或品牌相當要求，建議可選國產或者是先用承租。
3. 控制木作預算	基礎及設備的裝修工程之餘，木作是維修上最大的花費，建議若是預算不足，可考慮用現成傢俱替代。

快速掌握創業思考脈絡─表格大彙整

創業前的準備功課：

1. 我可以開業嗎

創業前請做足的四種功課

功課
1. 懂得市場生態
2. 要定位好自己
3. 了解自己的斤兩有多少
4. 要多元協助與分享

↓ 延伸

企劃書細項
發展前景
產品與服務
市場分析
將來計畫

企劃書必備 6C

Concept（概念）
讓人知道你要賣什麼。

Customers（顧客）
以主要顧客群抓出產品及服務特色。

Competitors（競爭者）
了解市場同質商品的區隔性。

Capabilities（能力）
如何化危機為轉機的人格特質。

Capital（資本）
現金流與金源流向。

Continuation（持續經營）
產品未來性與願景。

四種常見政府創業貸款

	企業小頭家貸款	青年創業貸款	青年築夢創業啟動金	各縣市青年融資貸款
貸款最高額度	新台幣500 萬	新台幣100 萬	新台幣200 萬	新台幣100 萬（台北市產發局為例）
貸款年利率	約 4% 左右	約 2.5% 左右	約 2% 左右	有利息補貼，等於零利率
年齡限制	無	20 歲到 45 歲間的青年	20 歲到 45 歲間的青年	1. 設籍台北市之中華民國國民，年齡在 20 歲以上 65 歲以下 2. 於台北市辦理公司或商業登記之中小企業公司或行號
說明	不需公司登記亦可申請（商業或營業（稅籍）登記亦可），但須為員工人數未滿 5 人之營利事業	1. 公司設立須滿半年但未滿 5 年，並且有實際營收 2. 核准之後還款信用良好可以申請一次續貸，最多申請兩次	優予核貸對象發展在地農業、水土保持、觀光民宿、文化創意、綠色永續、在地照護、在地教育或公平數位機會等	1. 經營免辦理商業登記之小規模商業，並有稅籍登記

2. 租屋不吃虧

簽約前十大快檢表

1	月租金、押金、調漲幅度、違約金、管理費用、其他費用
2	商業登記、報稅、法院公證、實價登錄
3	租期（五年長約、都更）
4	裝修、清潔費用（折抵）
5	起租日、水電起算日
6	租期屆滿、復原程度
7	轉租限制、分租規定
8	附加物件（車位、傢具、家電）
9	付款方式（月月）/ 整年付，現金、票、轉帳
10	仲介服務費用

開業前的基礎知識：

1. 老屋裝修評估

尊重老屋文化　演繹改造魅力

	100 年以內的木造房	加強磚造屋	鋼筋混凝土老屋
時期	約自 1895 年起	國民政府來台後	約二戰後自 1945 年起
類型	官舍住宅、移民住宅	兼具商店與住宅	集合式住宅
建築結構	1. 斜式屋頂並鋪設黑瓦，防水性好又具隔熱 2. 設置雨淋板抗熱、防雨 3. 基地抬高防止地面潮濕	1. 屋深長、面寬窄 2. 磨石子突顯家中獨特裝飾 3. 六角、八角復古磚的運用	1. 磁磚、石材妝點外牆 2. 鐵窗窗花修飾門窗 3. 繽紛多變的馬賽克磚

老屋裝修不能省

水電工程	補強結構
1. 因應營業需求設計燈具開關、插座的位置	1. 整理天花板及樑體上剝落的混凝土
2. 了解管線的走向位置，確實紀錄施工過程，未來需要整修時可立即因應	2. 斷面修復
3. 施工過程的記錄	3. 表面修正及底漆塗佈
4. 所有用電量大的設備都要有專用迴路配置，以保障安全	4. 強化纖維黏貼
5. 新配水管的壓力測試	

裝修前停看聽，省下多餘開銷

1. 不建議承租 2 樓的物件	整棟大樓的排水管最容易出問題就是堵塞在 2 樓，需要花費比其他樓層更多的預算處理。
2. 設備廚具選國產	國產及進口的價差可以達數十佶，除非對質感或品牌相當要求，建議可選國產或者是先用承租。
3. 控制木作預算	基礎及設備的裝修工程之餘，木作是維修上最大的花費，建議若是預算不足，可考慮用現成傢俱替代。

2. 商品怎麼賣比較好

- ☐ **1. 收支平衡** 以地段、商品價位設定和所需成本來取決商品合適性。
- ☐ **2. 商品強度** 喜好族群廣度、創造話題性可能性都會影響商品能否銷售。
- ☐ **3. 品牌走向** 即便是單一店鋪也要了解想和顧客溝通的面向為何，複合型商店就比專賣型店鋪商品來得多元才是。
- ☐ **4. 營業時間** 營業至晚間的店鋪可能會有酒類或舒壓等商品，但或許就不合適只在午前營業店家。
- ☐ **5. 目標客層** 產品特質與目標客層是否符合。
- ☐ **6. 老屋特性** 老屋改裝風格也左右商品調性取捨，在 Deco 風格老屋中賣懷舊便當就顯得不搭調。

老屋新生創業學：

就愛老空間的跨時代魅力，從企劃、定位、設計到經營，14 堂老屋創業逐夢必修課

作者｜漂亮家居編輯部
責任編輯｜楊宜倩
企劃執行｜曾家鳳
文字採訪｜李佳芳 · 林慧瑛 · 張舒婷 · 黃筱君 · 鍾碧芳 · 曾家鳳
攝影｜管延海 · 王士豪 · 邱如仁 · 徐佳銘 · 曾家鳳
美術設計｜莊佳芳
插畫繪製｜黃雅方
行銷企劃｜呂睿穎

發行人｜何飛鵬
總經理｜李淑霞
社長｜林孟葦
總編輯｜張麗寶
叢書主編｜楊宜倩
叢書副主編｜許嘉芬

出版｜城邦文化事業股份有限公司 麥浩斯出版
E-mail｜cs@myhomelife.com.tw
地址｜104 台北市中山區民生東路二段 141 號 8 樓
電話｜02-2500-7578

發行｜英屬蓋曼群島商家庭傳媒股份有限公司城邦分公司
地址｜104 台北市中山區民生東路二段 141 號 2 樓
讀者服務專線｜0800-020-299（週一至週五上午 09:30 ～ 12:00；下午 13:30 ～ 17:00）
讀者服務傳真｜02-2517-0999
讀者服務信箱｜cs@cite.com.tw
劃撥帳號｜1983-3516
劃撥戶名｜英屬蓋曼群島商家庭傳媒股份有限公司城邦分公司

總經銷｜聯合發行股份有限公司
地址｜新北市新店區寶橋路 235 巷 6 弄 6 號 2 樓
電話｜02-2917-8022
傳真｜02-2915-6275

香港發行｜城邦（香港）出版集團有限公司
地址｜香港灣仔駱克道 193 號東超商業中心 1 樓
電話｜852-2508-6231
傳真｜852-2578-9337

新馬發行｜城邦（新馬）出版集團 Cite（M）Sdn. Bhd.（458372 U）
地址｜41, Jalan Radin Anum, Bandar Baru Sri Petaling, 57000 Kuala Lumpur, Malaysia.
電話｜603-9056-3833
傳真｜603-9056-2833

製版印刷 凱林彩印有限公司　定價　新台幣 399 元

2017 年 9 月初版一刷 · Printed in Taiwan 版權所有 · 翻印必究（缺頁或破損請寄回更換）

國家圖書館出版品預行編目 (CIP) 資料

老屋新生創業學 / 漂亮家居編輯部著 . -- 初版 . --
臺北市：麥浩斯出版：家庭傳媒城邦分公司發行，
2017.09
　面；　公分
ISBN 978-986-408-321-3(平裝)

1. 創業 2. 室內設計

494.1　　　　　　　　　106015918